割

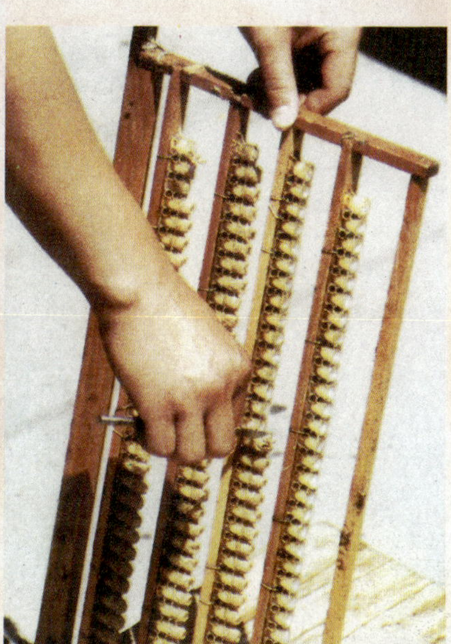

割 台

夹 虫

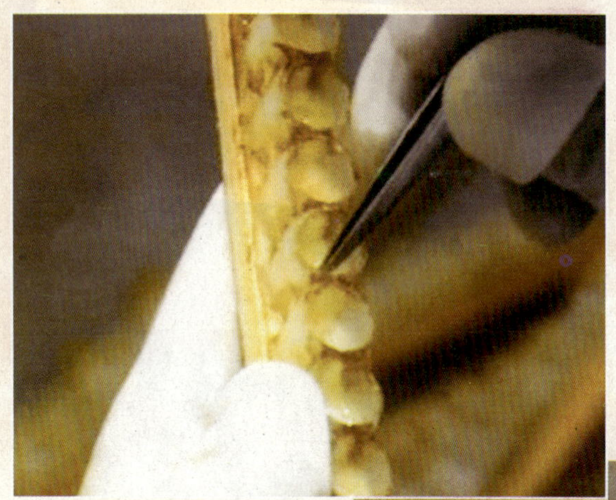

夹 虫

挖 浆

移 虫

正在泌浆的工蜂

蜜蜂采水

框梁饲喂
配合饲料

王台条

各种类型的台基和台基条

王浆框

蜂王浆优质高产技术

胡福良　黄　坚　编著

金　盾　出　版　社

内 容 提 要

本书由浙江大学胡福良博士等编著。内容包括概述、优良蜂种是优质高产的基础、强壮群势是优质高产的关键、科学饲养是优质高产的条件、延长产浆期是优质高产的重要措施、科学管理是优质高产的保证、应用先进蜂机具是优质高产的手段、蜂王浆的质量标准与验收和蜂王浆的贮藏保鲜。内容丰富、科学实用,文字通俗易懂,适合于广大养蜂生产者和蜜蜂研究技术人员以及农业院校有关师生阅读参考。

图书在版编目(CIP)数据

蜂王浆优质高产技术/胡福良,黄坚编著.—北京:金盾出版社,2004.12

ISBN 978-7-5082-3272-0

Ⅰ.蜂… Ⅱ.①胡…②黄… Ⅲ.蜂乳-加工 Ⅳ.S896.3

中国版本图书馆 CIP 数据核字(2004)第 104685 号

金盾出版社出版、总发行

北京太平路 5 号(地铁万寿路站往南)

邮政编码:100036 电话:68214039 83219215

传真:68276683 网址:www.jdcbs.cn

彩色印刷:北京凌奇印刷有限责任公司

黑白印刷:北京兴华印刷厂

装订:双峰装订厂

各地新华书店经销

开本:787×1092 1/32 印张:4.875 彩页:4 字数:104 千字

2010 年 4 月第 1 版第 4 次印刷

印数:25001—30000 册 定价:5.50 元

目　录

第一章 概 述

尽管世界上蜂王浆的商品化生产只有短短的几十年时间，但蜂王浆的生产技术突飞猛进，蜂王浆的产量成倍增长。虽然只有西方蜜蜂才能生产蜂王浆，蜂王浆生产技术源于西方，我国从20世纪50年代末才开始蜂王浆的试生产，但由于蜂王浆的生产属劳动密集型产业，十分适合我国国情，因而在国内得以迅猛发展，蜂王浆单产从开始时的每群每批几克、十几克发展到目前的几百克，全国的蜂王浆年产量从开始时的几吨发展到目前的2 000多吨，我国蜂王浆产量和国际贸易量均占世界的95%以上，成为名副其实的蜂王浆王国。这些成绩的取得凝聚着我国几代养蜂科技工作者和广大养蜂生产者辛勤耕耘和不断探索的心血和汗水，也是中国养蜂业对全人类的巨大贡献。

提到蜂王浆优质高产，首先就会碰到两个概念问题：何谓优质？何谓高产？

关于优质，是参照有关标准来判断的。我国的蜂王浆国家标准(GB/T9697－2002)中将蜂王浆分为优等品和合格品2个等级，除色泽、状态、气味和滋味等感官项目有各自的要求外，在理化指标的水分和10-羟基-α-癸烯酸(10-HDA，分子式$C_{10}H_{18}O_3$，分子量186)2个指标中也都有各自的定量要求。优等品的水分含量为≤67.5%，合格品为≤69.0%。优等品的10-羟基-α-癸烯酸含量为≥1.6%，合格品为≥1.4%。因此，笔者认为，只要符合国标中优等品标准的蜂王浆就是优质蜂王浆。我国是世界第一蜂王浆生产大国，在蜂王浆的生产技术、良种繁育及产品加工等方面均走在了世界前列。我国应当利用技术和贸易大国的优势，确立蜂王浆标准在世界上的权威地位，不能被外国商人牵着鼻子走。以 10-羟基-α-癸烯酸为例，它是自然界其它物质中未被发现的蜂王浆特有成分。由于它有很强的杀菌、抑菌作用，并有较高的抗癌功能，因而成为蜂王浆的代表物质之一。10-羟基-α-癸烯酸的存在大大提高了蜂王浆的保健及医疗作用，使之成为衡量蜂王浆质量的重要指标。但由于 10-羟基-α-癸烯酸的性质相当稳定，其含量的高低并不能反映蜂王浆的新鲜程度，即使是存放多年而失去活性的蜂王浆，其 10-羟基-α-癸烯酸的含量也几乎没有改变，因而 10-羟基-α-癸烯酸指标不能全面衡量蜂王浆质量的优劣。但日本等一些进口商出于商业目的，盲目地、无止境地不断提高 10-羟基-α-癸烯酸指标，使得我国不得不被动地适应和满足国际市场的要求，加上我国蜂王浆出口管理上的混乱，近十年来，我国蜂王浆出口一直困难重重，价格由 20 年前的每千克数百美元跌至目前的 15 美元以下。这里面，除了我国蜂王浆产量有大幅度地提高，供求关系发生了改变的原因外，我国的蜂王浆标准在国际技术、贸易领域缺少应有的权威，也是重要的原因。

关于高产，反映蜂王浆产量高低的概念很多，如群年浆量、群月浆量、群批浆量、群框浆量、台浆量和单位重量（千克）蜂浆量等，其中，以群年浆量和群批浆量用得最普遍，但这些概念仍不能全面反映蜂群蜂王浆产量的高低。由于我国幅员辽阔，南北方气候差异很大，可生产蜂王浆的时间长短不一。如黑龙江的可产浆期仅 3 个月，北京为 6 个月，浙江为 7～8 个月，而广西长达 10 个月左右。因此，单是群年浆量难以反映蜂群真正的产浆水平。同时，由于各蜂群群势不同，用群批浆量也难以完全反映各蜂群的产浆水平。为此，有学者提出以平均群月浆量作为蜂群蜂王浆生产水平的指标；以平均台浆量和千克重蜂浆量作为蜂群蜂王浆产量的种质考察指标。

平均群月浆量与群势、产浆框数、每框王台数、每批间隔时间等多种因素相关，在上述因素相同的条件下，还受产浆期所处的季节、蜜源和蜂群生活时期所左右，所以，每个月的群月浆量差异较大，而用平均数就可真正反映其产浆水平。在一定程度上也反映了蜂群的饲养管理水平，而且产浆量不等的地区都适用。

平均台浆量是指每个王台的平均产浆量，在王台数固定的条件下，平均台浆量与群批浆量呈正比。千克重蜂浆量是指每千克重工蜂所生产的蜂王浆量，它也与群批浆量呈正比。

影响蜂王浆产量和质量的因素很多，这些因素相辅相成、相互影响。蜂王浆优质高产技术所包含的内容也很广泛，涉及蜜蜂生物学、蜜蜂育种学、蜜蜂机具学、蜜蜂营养与饲料学、蜜蜂保护学及蜜蜂饲养管理学等范畴，因而是一项综合性很强的系统工程。概括起来说，优良的蜂种、强壮的群势、充足的营养、先进的蜂机具、浆期的延长、科学的管理和病虫害的防治，构成了蜂王浆优质高产的技术体系。

第二章　优良蜂种是优质高产的基础

实践证明，同一蜂场、同样群势、同样饲料、同样管理，但由于蜂王优劣不同导致产量高低的现象十分明显。低产蜂场之所以低产，其中一个重要的原因是忽视了优质蜂王的培育和更新。直到近期，同一品种近亲交配，致使种性退化，产量下降，收入减少的现象才得到改善。例如，浙江省嵊州市原是蜂王浆低产地区，20 世纪 80 年代的前期和中期，群年产蜂王浆一般只有 1 千克左右，低的只有几百克。自 80 年代的后期起，该市采取通过高产蜂种的引进、优选和推广以及用科学方法改善饲养管理技术等一系列有效措施后，使蜂王浆产量大幅度提高。现在一般群年产蜂王浆 4 千克左右，高的蜂场达 5 千克以上，一跃成为蜂王浆高产地区。

那么，如何才能提高蜂群优质高产蜂王浆的种性呢？具体可采取的技术和方法有：引进优质高产蜂种、不断进行优选、发挥杂种优势、培育高产雄蜂、增加高产基因等。

第一节　引进优质高产蜂种

在蜂王浆低产的蜂场，要靠优选得到高产蜂王，理论上在短期内是很难的（不排除基因突变产生优质蜂王，但这种可能性很低）。因此，引进外地高产蜂王，通过与本场雄蜂杂交，可有效地改良种性，提高产量，达到增收的目的。这是一种投资少、效益高、回报快的技术手段。

引种包括从国内种蜂场和蜜蜂育种科研单位购入所需要

的蜂种，也包括从国外专业育王场引进某一蜜蜂品种或品系的蜂王。近年来，我国成功地培育了多个蜂王浆高产型的蜂种，这些蜂种均具有蜂王浆高产的特性，各蜂场可根据本场的实际情况，选择引进。从国外引种，必须首先向国家有关部门提出申请，批准后方可进行。引进的蜂种一般只宜用做育种素材。从国内种蜂场或蜜蜂育种科研单位引种，是不少生产蜂场所采用的方法，引进的蜂王一般用做母本，用其卵虫育王，投入生产，提高产量。

一、引种方法

蜂种引进的方法通常有引进蜂群、引进蜂王和引进卵脾3种。

（一）引进蜂群

这是一种最直接的引种方法，即引入优质高产蜂种的蜂群。其优点是可立即对其优质高产的种性进行观察、鉴定，了解其高产性能，掌握其优缺点，以便尽快地加以利用。但采用此法在经济上的代价比较高，而且也比较麻烦，需动用交通工具。因此，除非引种的单位没有蜂群或需增加蜂群数量，一般情况下不采用此法。

（二）引进蜂王

这是全世界普遍采用的引种方法，即引入优质高产蜂种的蜂王。其优点是简便、快捷、安全。引种者只需向供种单位汇款并说明所需蜂种，供种单位便会将引种者所需蜂种的蜂王装入备有炼糖和侍卫工蜂的邮寄王笼中，用快件邮寄给引种者，引种者也可随身携带。蜂王引入后，应通过间接诱入法，将其诱入到事先准备好的无王群中；大约经过2个月后，该蜂群中的工蜂便基本换成该蜂王所产的工蜂了。这时便可对其进行观察、鉴定，具体了解其生产性能和特点。

（三）引进卵脾

这是生产蜂场常用的相互交换蜂种的方法。若蜂场间的行程在 1 天之内，可将卵脾用报纸、覆布等包好，带回蜂场。若行程为 2～3 天，则需将卵脾放在卵脾携带箱中，箱中备有蜜粉（脾）和适量的青幼年工蜂，固定好巢脾，钉严箱盖，打开通气纱窗，随身带回蜂场。卵脾带回蜂场后，应立即放入蜂群中孵化；孵化后 12～18 小时的幼虫便可用于培育处女王。若 2 个蜂场之间的距离在 3 天行程以上，则不宜采用此法引种。这是因为行程超过 3 天，即使卵脾中携带的卵是当天刚产的，待卵脾带回时，孵化出的幼虫也已超过 1 日龄，不适于育王了。采用此法引种宜在气温为 20℃～30℃时进行。引入的蜂种也只能做母本，与本场或本地区的雄蜂杂交，利用其杂种优势，以改善本场原有蜂群的生产性能，达到优质高产的目的。

二、引种的注意事项

（一）引进的蜂种必须健康

由国外引种必须经国家有关检疫部门检疫，确认健康无病时才允许入关。引进后，放在隔离区饲养，观察一段时间，确实没有发现检疫对象的那些病虫害时，才能投入使用。从国内供种单位引种，也应注意引入的蜂种是否健康，若将患病蜂种引入，很可能会导致全场蜂群发病，而造成不应有的损失。

（二）引种要因需制宜

引种要根据本场特点和具体情况实施。如定地养蜂、以生产蜂王浆为主的蜂场，应引进浆蜂王为主；转地养蜂、以采蜜为主的蜂场，应选购浆、蜜产量均较高的蜂王。引种前，应尽可能多地了解各有关蜂种的生物学特性、生产性能和质量情况等主要特点，再根据需要确定引入什么蜂种，切忌盲目引种。尤其是生产蜂场必须避免以下几种情况：一是听说有什么新蜂种，在对该蜂种的主要生物学特性和生产性能一无所知的情况下就贸然引入，结果往往会导致不应有的损失。二是虽然对某一蜂种的主要性能有所了解，但不管本地区气候、蜜源条件是否适合饲养该蜂种，便引入使用，结果往往使该蜂种的优良种性因无适宜的环境条件而得不到充分表现，从而收不到预期的优质高产效果。三是不管本场人力、物力和交尾场地等条件是否具备，同时引入几个蜂种饲养，结果造成种性严重混杂，从而导致蜂产品减产。

（三）引王要重视质量

尽管是从高产种蜂场引来的蜂王，并不一定只只都是高产的，其中也有低产的。因此，应对引进的高产种王考察一段时间，发现有性能不佳、产量不高的蜂王，要坚决淘汰。也有些引进的蜂王，虽是高产品系，但因个别种蜂场受利益驱动，蜂王刚开始产卵就急于售出。这样引进之后，有的蜂王产卵不佳、子圈不大，有的甚至产雄蜂卵。

引进蜂王质量欠佳的另一个原因是邮寄时间过长。由于新王开始产卵时，发育还未完全，要在产卵后的一段时间里继续发身扩体，才能矫健丰满。如果一开始产卵就囚于王笼，邮寄出去，短的 3～5 天，长的 7～8 天。途中温度不适，营养不足，活动受限，会严重影响蜂王的质量，这样蜂群的产量显然高不起来。

要解决上述问题，供种单位要保证质量，凡出售的蜂王至少应在产子封盖以后。对于产子率低下，封盖子面不平的蜂王绝对不能邮寄出去，以确保蜂种场的信誉。邮寄时应用特快专递，尽量缩短途中时间。对引王者来说，最好几个蜂场联合，派专人引种，这样既可亲自选择质量好的蜂王，又能缩短途中时间。

（四）引王的数量要适当

引王的数量应视本蜂场蜂群数量多少而定。目前不少蜂场仅引1只蜂王，然后自繁自育，不肯花钱引入适量的蜂王，这样高产基因太少，提高产量不快。饲养100群左右的蜂场引王，应引进5只以上的优质高产种王。有投资才有回报，引王是投资少、产出多的技术手段，要舍得投入。同时，不宜长期多次在同一个种蜂场引王，应有计划地分别到多个高产蜂场引王，以避免近亲繁殖，种性退化，产量下降。

（五）引王的准备工作要充分

引王前要充分组织好育王群，定好箱位，计算好失王时间。对引进的蜂王，要格外小心，以确保其安全。养蜂者都有体会，蜂王一旦被围，会严重影响其质量，有的翅破，有的足残，有的被刺死。引入蜂王应尽量采用安全诱王法。具体做法是：选择1张有粉有蜜和有新蜂正在出房的巢脾，置于巢箱内，然后在大群中选择刚出房新蜂较多的子脾，先把老蜂抖落，仅留蜂体嫩白的新蜂，抖落到新王群中，若蜂量不够，可用同样方法选取新蜂，直到有一框新蜂为止。然后把囚有蜂王的王笼放进箱内，启开王笼孔道，让蜂王自行慢慢爬出。如气温较低，应进行适当的保暖。巢门应用绿纱钉住，放在室内阴凉处4～5天，在新蜂有防卫能力后，选择恰当的地方将蜂箱定位，傍晚时打开巢门（巢门要小，1只蜜蜂能进出即可，严防盗蜂）。让新蜂出巢试飞和采集。然后在强群中抽出封盖子以补充新群蜂量，直到满箱。采用此法比较安全可靠。

第二节　蜂王的优选

蜂种引进后，通过优选法不断优选蜂王，不断提高蜂王性能。

引进的蜂王浆高产蜂种，其后代蜂王表现的种性分化严重，优良的大致上只有六成，不认真优选，难以实现蜂王浆高产，因此，必须进行定向优选。

选种必须全面考虑蜂王的各种性能，并且不宜只选1群，在整个蜂场中选几个种群（根据蜂场大小应不少于5群），这些种群应该在整个蜜蜂活动季节都表现良好，再选其中蜂王浆产量最高、质量最优的1～3群中的蜂王做母本，其余的作为父本。作为母本的蜂群除了其它各项指标都好以外，要特别注意其产卵力，因为产卵力是母本遗传性最强的性状之一。作为父本的要注意选产浆力强，蜂王产卵力也较强的蜂群，不做种群的雄蜂应全部消灭。育成的后代蜂王要记录存档，用后代蜂王的各方面表现来鉴定母本的遗传稳定性。如果稳定性好的，可按上法大批育王，作为生产用蜂王，再在其中选择优良蜂王做种。经过几年的精选，蜂王会越来越好。

蜂种在长期的近亲交配过程中，其纯度可能会逐渐提高，但其活力会逐渐减弱，反映在生产上也会使产量降低，主要是难以养成强群。因此，在选育蜂王时，不要只盯着1只蜂王做种，而应选留一些优良蜂王做种，除了作为生产上必须具备的性能——蜂王浆优质高产外，可以选留具有其它优良性能的蜂群，保留这些优良基因，为培育更好的生产用王做准备。把各有特长的蜂种进行组配，以它们的后代来鉴定这些不同组配的性状。

作为母本选择容易，而作为父本的控制较为复杂。在自然交尾的条件下，有其它雄蜂干扰。为了使组配效果明显一些，应选择好场地和时机进行育王。例如，趁没有外场雄蜂之际，提前培育雄蜂，而且要培养大批适龄雄蜂，造成强大的“空中优势”。

蜜蜂的生物学特性和经济性状，受内在遗传因素和外界环境因素的双重影响。也就是说有了先天的高产遗传基因，还要有后天的优越条件，才能使其后代有更强的表现力。所以，在培育种蜂王的过程中，要为育王群创造优越的条件。具体的技术措施有有以下几条。

第一，育王群群势要强。可以用补充子脾的办法，增强育王群的群势，增加新蜂。强群哺育蜂多，哺浆多，幼虫营养充足，生长发育好；强群蜂多力强，调控巢内温度、湿度能力强，有适宜于生长发育的小气候。

第二，营养要足。育王群巢内粉要多，糖要足。不足的就应补足。缺粉少糖的蜂群是培育不出优良蜂王的。

第三，育王时期要适宜。育王的时期对蜂王质量影响较大，一般来说，外界有蜜粉源时育成的蜂王体型大、体质好。夏季高温缺粉时，育成的蜂王体型小，而晚秋由于气温低，可能导致蜂王受精不足而影响产卵。因此，要得到体型大、体质好的蜂王最好选在有流蜜的季节进行育王。如果空中雄蜂优势难以发挥，可选择外界蜂场未进入或退出时的小流蜜期或流蜜前期、后期进行。当然，能进入无其它蜂种的隔离区是最好的。

第四，除尽蜂螨。育王群在育王前务须除尽蜂螨。有螨害的蜂群，往往新王的营养被吸吮而发育不良，甚至断翅残足。

第五，奖励饲喂。在王台下框当晚起开始用糖液奖饲，直到王台封口为止。奖饲可以提高育王群积极性，提高工蜂吐浆量。

第六，王台数量要适宜。育王的王台不宜太多，一般以30个左右为宜，封口后应做一次抽查，个别较小的王台应予剔除，保证王台个个优良。

第七，移卵育王和复式移虫。育王移虫以移卵育王和复式移虫为佳。复式移虫时先移较大的幼虫，24小时左右后取出，再移入刚孵化的幼虫。这样台内蜂王浆多，有利于提高蜂王质量。移虫必须大小绝对一致，以防提前出房而咬破其它王台。

第八，挑选王台。王台育成后，要进行挑选，把过早、过迟封盖的剔除，弯曲、扁短的除掉。王台成熟后进行分配，办法是将成熟王台先放入小型铁丝王笼内，再放入交尾群，每个交尾群可放入几个供选择，待出房后观察其体型、体色是否满意，大小是否够格，不满意的除掉，留下满意的放进巢内即可。

第九，注意朝向和标记。育王群定位要注意朝向和记号。每只育王群应做好不同颜色的记号。处女王交尾回巢大多较晚，有时天昏暗时才回巢。所以，育王箱定位，以朝西南方为好，受日光照射，箱位标记明显，使蜂王不会误投它群。

作为生产蜂王浆的蜂群，在蜂王介入成功后1.5个月内，蜂王的种性就能反映出来。如果蜂王浆产量不能提高甚至下降，则此蜂王的产浆性能不佳，应及时更换。当然，观察其产量上升或下降，应全面考察，若在非流蜜期或高温期，各群蜂王浆产量都在下降，介入新蜂王的蜂群蜂王浆产量不高，就不一定是蜂王不好。

如果能满意地进行定向选育，蜂王必然会越选越好，蜂群的蜂王浆产量也会越来越高。但是，同一个蜂种高度近亲交配造成的生活力下降问题就会出现，产量会因此下降。解决的办法，还是从种质上着手。应该继续从高纯度蜂场中引进蜂王，这样可以使蜂群蜂王浆产量不致下降。但这种方法还不是最好的，因为所有的处女王交尾都是在空中进行，无法完全加以控制。最好的办法是通过人工授精或隔离交尾进行纯种繁育，取得若干纯种后，再用不同纯种间杂交，培育成为具有较强活力的生产用蜂王。

第三节　杂种优势的利用

通过不断杂交，发挥杂交优势，促进蜂王再优质、再高产。

不同品种或品系间的蜜蜂杂交，一般来说，其后代要比亲代具有较强的生活力和生产力，这种现象，就是杂种优势。国外学者研究发现，亲本选配得好的蜜蜂杂交种，其优势性能和增产效果都很显著，其产蜜量要比亲本高 20%～30%。如英国利用欧洲黑蜂与意大利蜂杂交，培育成抗壁虱病的高产蜜蜂新品种布克法斯特(Buckfast)。俄罗斯利用高加索蜂与中俄罗斯蜂杂交，培育出高产、抗逆性强的新品系普利奥科斯卡(Pliokska)。

一、杂交组合的选配

根据生产需要和当地蜜源、气候条件培育蜜蜂杂交种时，应对各育种品种进行考察，选择父母群，配制杂交组合，考察经济性状，选择最优组合应用。配制杂交组合方式如下。

(一) 单　交

单交是指 2 个不同品种的纯种之间的杂交。其子代称单交种，含有 2 个亲本血统。单交中还有正交和反交的区别，正反交的后代有时表现基本一致，有时则有较大差异。

（二）三　交

一个单交种和第三个纯种之间的杂交，其子代称三交种。

（三）回　交

将单交种再与亲本之一进行杂交，即子代与亲代杂交，其后代称回交种。

二、蜜蜂杂交种的利用

一个蜂群的生产力是由蜂王和工蜂共同决定的，所以说是两者生产力的总和。在杂种蜂群中，蜂王和工蜂的代次不同，血缘不同，杂种优势也不一样。如单交种蜂群，工蜂含有 2 个亲本血统，有优势，而蜂王是纯种，无优势。三交种蜂群，工蜂含有 3 个血统，有优势，蜂王含有 2 个血统，也有优势。因此，在生产上利用蜜蜂杂种优势时，不但要考察工蜂的生产能力，同时还必须考察蜂王的生产能力。

蜜蜂杂交种的优势性能，单交种一般只表现在第一、第二代身上，回交种只表现在第一代身上。所谓杂种第二代蜂群，实际上是回交种，工蜂的优势性能已有所减退。为了保证在生产上不断地使用具有明显优势性能的杂交种，必须有计划地定期换种。

目前，我国绝大多数生产蜂场都采用引进纯种蜂王，用其所产的受精卵、虫培育处女王，与本地原有蜂种的雄蜂交尾。所产生的后代为杂种一代，具有优势，但到了第二代优势不明显或无优势。

第四节　优质高产雄蜂的培育

培育高产雄蜂，提高雄蜂质量，增加高产基因，促进再高产。

在某种程度上说，雄蜂的质量优势与蜂王具有同等重要的意义。但从目前现实情况看，较普遍地存在重视蜂王，忽视雄蜂的倾向。有些养蜂者片面地认为只要引进了高产蜂王，产量就会高起来。当引进蜂王后产量提高不多或高不起来时，就埋怨引进的蜂王质量不好，很少从雄蜂质量上去找原因。其实在低产蜂场中，即使引进最好的高产蜂王，仍与低产雄蜂交尾，其产量显然不可能大幅度地提高。有了优质高产的蜂王再与优质高产的雄蜂交配，才能育出高产的后代，这其实是一个十分简单而又十分重要的道理。之所以出现重母本、轻父本的原因，主要是主观上对雄蜂在育王中的重要作用缺乏正确而全面的了解，客观上雄蜂培育和控制交尾的难度较大。因为处女王交尾是在高空中进行的，其活动范围在方圆数十千米以上。因此，一些养蜂者认为自己培育的雄蜂，不一定与自己蜂场的处女王交尾，自己辛辛苦苦地培育了雄蜂，却给别场去交尾，这不是为他人做嫁衣吗？从而严重地影响了培养优质高产雄蜂的积极性。

雄蜂由卵发育至成虫需要 24 天，羽化出房后 8～14 天（平均 12 天）性成熟，可与处女王交尾，雄蜂一般可活 30～40 天。蜂王由卵发育至成虫需要 16 天；处女王羽化出房后5～7 天性成熟，可与雄蜂交尾。由上述雄蜂和蜂王的发育及性成熟的时间可以看出，至少在移虫育王前 20 天，就应开始培育种用雄蜂。

在正常情况下，只有当蜂群发展到一定程度，即准备分蜂的时候，蜂群才会培育雄蜂。此外，当蜂王已经非常衰老时，或新蜂王严重交尾不足时，都会产很多雄蜂卵（未受精卵）。有了父群以后，即可采用调整群势、密集蜂数、抽出空脾（工蜂房）、插入雄蜂脾、加强饲喂的方法，促使蜂王在雄蜂房中产未受精卵。待该雄蜂脾产满未受精卵后，可根据情况，或是将其留在父群中哺育，或是将其放进群势强大的一般蜂群中哺育，直至雄蜂房完全封盖；在雄蜂房封盖以前，必须坚持每天对哺育雄蜂幼虫的蜂群进行奖励饲喂。在培育种用雄蜂的过程中，应注意经常剔除非父群中产生的雄蜂蛹，杀灭非种用雄蜂。

一般情况下，1只处女王要与7～17只雄蜂交尾，但绝不能只按这一比例来培育雄蜂。为培育1只蜂王到底需要培育多少只种用雄蜂才合适，还需要根据一次培育的蜂王数量来决定。一次培育的蜂王数量多，则所需的雄蜂数量与蜂王数量之间的比例就小一些，一次培育的蜂王数量少，则所需的种用雄蜂数量与蜂王数量之间的比例就大一些。一般生产蜂场一次培育的蜂王数量都不会太多，只有几只、十几只，最多也不过几十只。其培育的种用雄蜂数量与培育的蜂王数量的比例大致为数百只或数十只比1只。雄蜂的质量和数量，直接影响着蜂王的交尾质量。处女王婚飞的次数以及需要和多少只雄蜂交尾，主要取决于性成熟的雄蜂的质量和数量。当然，交尾时的天气状况也会对交尾成功率产生一定的影响。雄蜂的质量高、数量多，将会大大提高蜂王的交尾成功率。受精充分的蜂王不但开产的时间早，而且产卵力旺盛，维持正常产卵的时间长。以上所说的雄蜂与处女王数量之间的比例关系，是在假设方圆数十千米范围内没有其它蜂场的情况下才是有效的。然而事实上，除某些偏远地区和海岛外，这种情况是不存在的，尤其是养蜂发达的平原地区和有大片蜜源并且交通比较方便的地区。这些地区在大流蜜期内，在方圆数十千米范围内，往往有几十个、上百个蜂场来放蜂。由于处女王和雄蜂婚飞的范围很大，而且蜂王又具有“喜欢”与外场雄蜂交尾的生物学特性。因此，除非方圆数十千米范围内所有的其它蜂场都没有雄蜂，否则，处女王不但绝对不可能只与本场的雄蜂交尾，而且与其交尾的雄蜂绝大多数都来自其它蜂场。在这种情况下，要想使处女王只与本场的雄蜂交尾，就必须采用控制交配的措施（人工授精或隔离交尾）。

第三章　强壮群势是优质高产的关键

在蜂群种性优良的前提下，全年饲养强群是蜂王浆高产的关键因素。这是因为：①巢内蜂量多，各龄蜂齐全，哺育蜂过剩，泌浆多。正因为群势强大，蜜蜂密集，促使蜂群产生轻度分蜂意念，提高了工蜂泌浆积极性，增加了王浆产量。②强群采集蜂多，采进粉蜜多，蜂群情绪兴奋，蜂王产卵多，卵圈大。卵多蜂多，蜂多群强，形成了良性循环。③强群抗病、抗逆能力强，可以大大减少病害和灾害所造成的损失。以白垩病为例，同一蜂场、同一蜂种、同样饲料、同样管理，强群发病轻，甚至不发病。这是因为强群蜂多力量强，一有病尸，及时拖出巢房，把巢房打扫干净，减少了白垩病菌传染的机会；弱群则相反，脾多蜂少空间大，清巢能力不足，一旦发病会迅速蔓延，发病快而重。强群抵御灾害性天气的能力也强。以春繁为例，时有寒潮侵入。强群蜂多自身热量大，护脾蜂多，即使气温骤然下降，也不会冻坏子脾；弱群则不然，蜂少热量不足，寒潮一到，蜜蜂紧缩，往往边脾子冻死，造成损失。④强群春繁速度快，尤其是在蜂群春繁速度赶不上流蜜期的情况下，作用更大。以浙东地区来说，同样在1月中旬开繁，强群到3月上旬上高箱开始生产王浆，正好赶上油菜流蜜期。而弱群尚在繁殖阶段，等蜂群强了，花也快谢了，不仅收入减少，还要多喂糖。

第一节　维持强群的方法

要长期维持强群，主要应抓好增加新蜂数量和提高新蜂质量两个方面。具体可以从以下几个方面着手。

一、增加王蜂比值

王蜂比值是蜂群中以只计算的蜂王数和以千克计的工蜂重量的绝对值之比。如单王群，蜂群重 5 千克的，王蜂比值为 0.2，重 4 千克的为 0.25，重 3 千克为 0.33，重 2 千克的为 0.5，重 1 千克的为 1，重 0.5 千克的为 2。王蜂比值 2 以下的蜂群，单位蜂群的繁殖速度随王蜂比值增加而加快。要维持强群必须加快繁殖速度。要加速繁殖，就要适当增加王蜂比值，一般保持在 0.5 左右，即 2 千克重蜜蜂，1 只蜂王，其繁殖速度就不慢了。

生产中要提高王蜂比值，可饲养双王群，也可饲养主副群。为减少饲养副群所需的蜂箱，可把双群同箱的平箱和三室交尾箱代替副群。不论用什么方法，要保持强群，每个强群最好有 2 只蜂王。因为有了较多的蜂王，就便于根据培育适龄工蜂的时间，有计划地安排蜂王产卵，不但流蜜期可以养成强群，就是断蜜期也可通过饲喂蜜、粉等办法，使蜂群维持强盛。

二、及时更换劣王

优质蜂王是培育和维持强群的一项重要措施，尤其是单王群。由于强盛阶段的群势本身比较强盛，良好的蜂王，可以充分发挥其产卵力。在蜜源良好的条件下，发现产卵量少，除非发生分蜂热，不论是新王、老王，都要及时更换。如果发现一房产数卵，或者产卵脱空，或者把卵产在房壁上的都是不正常现象，应及时将蜂王更换。

三、维持较多的子脾

蜂群有了优良蜂王，也饲养了一定量的双王群，不等于蜂群里就有较多的子脾。在王多王好的基础上，要增加群内子脾，还要做好蜂群的调整工作，把可以产卵的巢脾及时调到产卵区，让蜂王产卵。发生蜜压脾时要用巢础框或新脾放到产卵区让蜂王产卵。群势强、蜜粉足时，还要加强通风等措施，防止分蜂热产生，一旦发生分蜂必须及时解除。环境条件较差时，应设法人为地创造条件，促进蜂王产卵，以达到有较多的子脾。还可以从副群或双王群里抽调卵虫脾补充，使一个强群能始终保持 5～7 框足子。

四、保持饲料充足

强盛阶段的蜂群，都有十余框足蜂，子脾也不少。成年蜂，尤其是刚出房的新蜂以及幼虫，都要消耗很多饲料。在非流蜜期必须及时补充饲料。饲料不足，会影响蜂王产卵积极性、幼虫的健康发育和工蜂的寿命。强壮的蜂群应有 4 千克以上的贮蜜、1 足框以上的花粉。双王群多的还要更多一些，否则需及时补喂。

五、注意防病治螨

强盛阶段，虽然蜜蜂的抗病力增强了，但仍需遵循“防重于治”的方针，无病先防，有病早治。该阶段的常见病有美洲幼虫病、孢子虫病、螺原体病、麻痹病等。同时，对蜂螨要测定寄生率。巢房寄生率和成蜂寄生率高的都要提前防治。此外，还要注意对农药中毒和有毒植物中毒的防范。

六、加强科学管理

蜂群的强弱取决于出房的工蜂数量和工蜂的寿命。要维持强群,不但要增加出房的工蜂数量,而且要设法延长工蜂寿命。必须加强科学管理,根据蜜蜂的生活习性,需要什么,就提供什么,想方设法增加出房工蜂数和延长工蜂寿命,这是科学管理的出发点,也是维持强群的关键。

第二节　搞好秋繁,奠定强群基础

强群的基础,在于搞好前一年的秋季繁殖。秋繁搞好了,有了数量多、质量好的越冬适龄蜂,就为翌年强群春繁打下了基础;反之,秋繁搞不好,越冬蜂不足,春繁基础弱,强群也就强不起来,处于被动地位。养蜂人有"一年之计在于秋"之说。所以,一些有经验的养蜂者总是把秋季繁殖,作为全年的重点工作来抓。

应从以下几方面着手搞好秋季繁殖工作。

一、狠抓蜂螨治理,保障越冬蜂质量

越冬蜂的质量十分重要,因为它要经过漫长的越冬期。如果质量不佳,难以存活到春季,这样不但不能参与翌年春繁哺育工作,起到培育新蜂的作用,还消耗了越冬饲料和秋繁的哺育力。对秋繁新蜂体质危害最大的是蜂螨。蜂螨是以吸取蜜蜂体内的营养为生。受螨害的蜜蜂,个体瘦弱,寿命缩短,有的肢体不全,翅破足残,会跳不会飞。严重时死蜂成堆,给蜂群造成重大危害。从蜂螨的消长规律来看,它与蜂群群势呈负相关:即蜂群群势上升,蜂螨寄生就下降;反之,群势下降时,蜂

螨寄生率则急剧上升。以浙江地区为例，春季蜂子大量繁殖时，蜂螨也开始繁殖。到了夏季，蜂群群势停止发展，而蜂螨则继续发展。到了秋季，蜂群经过越夏，群势大大下降，而蜂螨寄生率则急剧上升，因而秋季螨害就会特别严重。基于此，秋繁前狠抓治螨，把蜂螨寄生率降到最低程度，是保证越冬蜂质量的关键所在。

治螨要讲究方法。方法是否科学，关系到治螨效果的好坏。

（一）治螨重在效果

若用水剂药物喷治，喷治脾面蜂体后，把蜂抖落，再喷脾面，否则，脾内蜂螨依然无恙。喷治时要交叉喷打巢脾上下左右以及隔板、箱壁、箱底、副盖等，不能留有死角；喷雾器质量要好，雾滴要细。雾滴太粗，不但喷打不均，还会伤蜂。用升华硫磺治螨，要根据群势强弱、气温高低，分别对待，定量用药。撒施时应拌滑石粉或面粉，充分拌和，均匀地撒于蜂路上。用螨扑立克挂片时，除对角外，还应靠近巢门，以增加接触面，提高效力。使用 2 周后再翻面使用，以充分发挥药效。喂粉时不能把螨扑立克挂片浇湿，否则会使蜜蜂中毒。喷药时间一般应选在蜜蜂出巢较少时，为傍晚或早上蜜蜂回巢和出巢前，以提高对蜂螨的杀伤率。

（二）严格掌握蜂药用量

蜂药总是有毒性的，过量了就会使蜜蜂中毒，造成损失；量少了达不到治螨效果。所以，应按说明书规定的标准用药。目前总的倾向是用药超量，虽然杀螨效果提高，但对蜜蜂会造成慢性中毒，寿命缩短，而且还可能污染蜂产品。

（三）不宜长期使用同一药物

应轮换使用不同的蜂药，以免蜂螨产生抗药性。自从螨扑立克等挂片问世以来，由于使用方便，效果较好，许多养蜂者连续多年使用该药物，使药效逐年下降，有的甚至无效。究其原因，除药品质量因素外，主要是长期使用同一药物，蜂螨产生了抗药性，降低了治螨效果的缘故。

（四）必须规范用药

用药必须规范，绝不使用国家禁用的兽药及其它化合物。购买蜂药时，要注意是否有厂名、厂址、生产日期、批准文号等，慎防假冒伪劣蜂药。还要注意有效期，过期药品会贻误治螨时机，造成重大损失。

（五）做好蜂螨的综合防治

利用蜂螨喜欢进入雄蜂幼虫巢房内产卵的习性，可采用雄蜂幼虫诱杀的方法，有效地控制蜂螨的寄生率，平时要切断蜂螨传播途径。蜂螨主要通过带螨蜂与健康蜂接触而传染，如盗蜂，蜂群合并，使用带蜂螨的巢脾、蜂具等。

二、育好秋王更替老王，增加产卵量

用老王秋繁，难以养成强群，这是由于老王经过长年累月地不断产卵，已经疲惫不堪，一到深秋，产卵能力下降，随着气温下降而逐步缩小卵圈，甚至较早停产。而新育的秋王则不同，它体态丰满，正处于青春发育旺期，产卵力高，卵圈大，抗寒抗逆力强，停产也迟。用新王更换老劣王，可以有效地提高产卵量。同时把换出的老王加以利用，发挥它们的余热，组成双王群，产几代子，然后并入基本群，可以加强基本群的群势。试验发现，在同样蜂种、同样群势、同样饲料、同样管理的条件下，新王比老王育出的越冬蜂多50%～80%。所以，有计划地分批育好秋王，更替老劣王，是加快秋繁、增加越冬蜂的一个十分重要的措施。

然而，不少养蜂者，尤其是有些老年蜂农，由于受传统观念的影响，对培育秋王有较大的顾虑，认为秋王质量不如春王。所以，迄今为止不少蜂场仍不育秋王。其实，秋季育王有许多益处，会带来显著的经济效益。其一，培育1只春王，一般要1～2框带蜂的出房子脾，1个中等蜂场育40只王，就要在基本群中提出40～80框蜜蜂和老子脾。而此时正值采集油菜蜜和生产王浆的重要时机，一旦提出几十框蜂和子脾，显然会大大削弱生产群的群势，减少蜂产品的收入。用秋王代替春王，就可避免削弱群势，有利于增加经济收益。其二，育了秋王可以更换出老劣王，提高产卵量，增加越冬蜂，为春繁奠定基础。其三，多育秋王有利于组织双王群春繁，有利于加快养成强群。大多数蜂场经过1年的生产，蜂王有所损失，一般只能单王繁殖。其四，秋王更替出老劣王，可以减少分蜂热的产生，有利于维持强群，增加蜂产品的收入。老王在春繁后期蜂量达到顶峰时，由于蜂王物质分泌不足，就会出现分蜂热，甚至出现分群飞逃。而秋王仅产几代子就关王停产，生理上仍处于青春时期，分泌蜂王物质多，避免或减少了因分蜂所造成的损失。

有人认为秋王质量不佳，利用价值低，这种观点也是不正确的。许多利用过秋王的蜂场实践证明，只要思想重视，措施有力，管理科学，同样能够育出高质量的秋王。秋王与春王相比，无论在个体发育，产卵性能，还是蜂王寿命上，均无多大差异，而经济效益却比春王高得多。

其实，培育秋王有诸多有利条件：一是秋季花源众多。在南方，秋季有草花、茶花、树花、菊花等等，有足够的粉蜜源，可以满足育王群的需要。二是气候适宜。秋季有“十月小阳春”之称，一般日平均气温在15℃～20℃，是处女王婚飞、交配的适宜气候。三是秋季晴天比早春多，风和日丽有利于处女王的婚飞和交配，有利于提高交尾成功率。再加上人为的控制，所以，是完全可以育好秋王的。

为了育好秋王，育王时间要周密安排。育王过早，气温尚高，外界粉蜜源尚不充裕，育出的新王质量较差；时间太迟，气温下降，雄蜂减少，交尾成功率低。以浙东地区而言，分两批育王为宜。第一批 8 月下旬前后到交尾时，杂交水稻开花扬穗，花粉多，也有其它零星蜜源，气候也有利。这批蜂王交尾成功后，作为更替老王之用，以发挥其秋繁中的作用；第二批可在 9 月中旬前后移虫，茶花期交尾。此时粉蜜源充足，晴天较多，气候凉爽，交尾成功率高。这批王可作为组织双王群和弥补失王群之用。

三、勤管细管，为蜂群秋繁创造条件

秋繁期间，尤其是后期气候多变，时冷时热，时晴时雨，冷空气时有南下，气温变化较大。基于此，务必认真做好秋繁中的管理工作。①秋繁开始前，调整好蜂脾关系。紧出多余巢脾，达到蜂多于脾，以利于护脾保温、扩大子脾面积。②糖足粉多，蜂群情绪高，蜂王产卵多。对巢内存蜜不足的蜂群，应用浓糖喂足，要求巢脾角糖塞足起白蜡。在此基础上每夜糖水奖饲，以提高工蜂哺育积极性，促使蜂王多产卵。③及时互调子脾，把弱群虫卵脾调给强群哺育，发挥强群哺育蜂多的优势；把强群的出房子脾或老子脾调给弱群，以强补弱，增强群势，这样就发挥了强弱群各自的优势，增快繁殖。④继箱双王群停止生产王浆后，提 1 只王上继箱，上下双王繁殖，提高产卵量。⑤调控巢温，做好散热与保温工作。秋繁前期气温尚高，重点是蜂箱遮荫，场地泼水，巢内喂水，放大巢门，降低巢温，增加湿度,以促进繁殖。秋繁后期,随着气温的逐步下降,应相应地做好保温工作,尤其是冷空气到来前后,更应加强保温,否则温度骤降后蜂群缩紧,子脾容易冻坏,造成损失。因此,要缩小巢门,巢内放置保暖物,以增加巢温。当强冷空气到来、气温降到0℃以下时,箱后和箱上覆盖塑料薄膜,以减少冷空气侵入,保持巢内适宜的小气候。

四、防止茶花烂子,保障越冬蜂的数量和质量

茶花花期长,流蜜涌,花粉多,对促进秋繁十分有利,但必须充分做好茶花烂子的防治工作。详见第五章第二节。

第三节 加强越冬管理,保存好越冬蜂

在尽力做好秋繁的基础上,要千方百计加强管理,保存好越冬蜂,将越冬蜂的损耗降到最低,为翌年丰产奠定基础。为提高越冬蜂的保存率,可采取以下几项措施。

一、关王停产

要破除传统习惯,改自然停产为关王停产。

(一)关王停产的好处

关王停产可有效地减少越冬蜂的损失。巢内有子的蜂群,工蜂会本能地飞出巢外。尤其是越冬前期,野外尚有茶花、野菊花、枇杷花等零星蜜粉源,工蜂会冒寒前去采集。但这种采集无效飞翔多,体力消耗大,缩短了工蜂的寿命,有些蜂甚至冻僵在箱外,给十分珍贵的越冬蜂造成损失。通过关王,人为地造成断子以后,蜜蜂就会安静地结团,处于半休眠状态,大

大减少了蜜蜂的活动。这不但有利于减少蜜蜂的体力消耗，延长蜜蜂寿命和减少冻僵蜂的损失，还减少了饲料的消耗。关王可以一次性断子，子脾整齐，新蜂质量高，寿命长。若任凭蜂王产子，由于此时气候寒冷，粉蜜源缺乏，会造成幼蜂营养不足，个体瘦弱，寿命不长；再加上适龄蜂参与哺育，体内蛋白质消耗多，寿命缩短，难以存活到春繁。关王可以有计划地断子，可大大提高治螨的效果；关王越冬还有利于紧脾调脾。关王断子，新蜂出房后，巢内都是空脾，可以紧出多余巢脾，调进蜜脾。关王还有利于蜂王的休息，恢复体力，春繁时可大大提高蜂王的产卵能力。

（二）关王后的管理措施

关王的时间，应根据气候状况和群势情况而定。关王以后相应的管理措施要跟上。这些措施包括：①关王群势要蜂多于脾，蜜蜂密集有利于保温、保王。不足1框足蜂的弱群，不宜关王，应与它群合并或放王越冬。②越冬期时有寒潮侵入，要注意天气预报。当寒潮来临时，要及时检查王笼位置，以防气温骤降，蜂团紧缩，王笼离团，蜂王冻死。如王笼偏离蜂团，应慢慢地将它移向蜂团中心。③双王群的闸板必须闸死，不能有工蜂可进出的小孔，因为蜜蜂有趋强性，寒潮到来后，弱群一边的蜜蜂，往往偏向强群的一边，会使弱群一边的蜂王因离蜂团而冻死。④关王的王笼宜用大号竹丝王笼，也可用2只王笼绑在一起（抽出一边竹丝），使其内径增大。蜂王活动范围大，护王工蜂多，有利于蜂王健康。不宜用铁皮王笼或铁丝王笼关王，因为铁制王笼保温差，而且容易生锈，对蜂王的健康十分不利。

二、控制蜜蜂无效飞行

控制蜜蜂越冬期飞翔，可有效地减少飞出后的冻僵蜂，减少体力消耗，有利于延长越冬蜂的寿命；而且，还可以减少饲料消耗，有利于节约成本。蜜蜂无效飞翔的主要原因有：①巢内有子。在巢内有子的情况下，为了繁衍后代，蜜蜂会冒寒飞出采集。因此，要关王停产，使蜂群安静结团。②巢温过高。越冬蜂群冷则安静结团，热则散团，活动增多，有的飞出巢外。因此，要掌握宁冷勿热的原则，去掉覆布，放大巢门，使巢温控制在 5℃～－2℃，使蜂群处在安静结团的半休眠状态。③光照刺激。蜜蜂有趋光性。越冬蜂群受到阳光、灯光、雪光等刺激，就会飞出巢外。鉴于此，越冬蜂群不宜放在有灯光直射的地方。平时尽可能用草帘把巢门遮暗，不使阳光直射。尤其要避免蜂箱受太阳暴晒而使巢温骤升，促使蜜蜂出巢飞行。有条件的蜂场，最好采用暗室越冬。下雪时可用黑色纸板，做成长 30 厘米、高 15 厘米的挡光板，横放在巢门口，避免蜜蜂受雪光刺激而飞出冻死。④越冬饲料质量差。蜜蜂食用质量不佳的越冬饲料后，消化不良，后肠积粪过多，被迫飞出排泄而造成损失，这种情况在长期雨雪后更为严重。因此，越冬饲料的质量一定要好。⑤放蜂场地不当。有些养蜂者喜欢把蜂场设在朝南的高墙脚下，认为能挡住北风，有利于保暖。然而在高墙脚下放蜂，蜂场小气候与大气候间的温差相当悬殊。晴天中午温度可骤升到 15℃以上，而高空气温则只有 7℃～8℃。蜜蜂容易受高温刺激飞出而冻僵在外。因此，不宜把越冬蜂场设在朝南的高墙脚下。⑥蜂群失王。有王蜂群，蜂王不断分泌出蜂王物质，保持了蜂群的安宁。一旦失王，巢内蜂王物质消失，蜂群烦躁不安，有的在巢门口爬行，有的飞出巢外在空中打圈。发生这种现象，应开箱检查。如已失王，应尽快介入蜂王或者合并它群。⑦老鼠侵入。一旦老鼠钻入巢内，不但吃食蜂粮，咬碎巢脾，还会使蜜蜂惊恐不安，不断有蜂飞出巢外。出现这种情况，要迅速做出相应处理，使蜂群安静下来。⑧人为干扰。拖拉机及其它机器的震动声、油烟味串入、开箱检查动作过粗等都容易使蜂群受到干扰而出巢飞行。因此，越冬蜂场应设在环境较为安静的地方。检查蜂群以观察巢外情况为主，必须开箱检查的，应在傍晚进行，动作要轻而快，时间要短，尽量避免干扰蜂群。

三、管理要勤要科学

越冬期间，气候寒冷，雨雪天多，蜜蜂不能任意飞翔排泄，给蜂群带来诸多不利因素。因此，养蜂者要在管理上下功夫，人为地为蜂群创造适宜的生活条件，变不利因素为有利因素，及时发现问题，处理问题，减少损失。例如，越冬蜂场周围的冻僵蜂多，据笔者试验记录，在临界温度情况下，1 天内每群蜂平均有冻僵蜂 35 只，1 个 60 群的中型蜂场，每天就有冻僵蜂 2 100 只，可想而知整个越冬期冻僵蜂的损失。其实这些蜂只是冻僵并没有死亡，只要 2 小时收集 1 次，放入强群中，90％的冻僵蜂可以复活，这样就可减少冻僵蜂的损失。

有人认为越冬期是养蜂闲季，既不繁殖，又不生产，只要越冬糖喂足就行了。其实越冬期的管理工作同样十分重要。例如，长时间雨雪之后，地下水位增高，往往箱底受潮，巢内湿度过大和阴冷，容易导致蜜蜂下痢。因此，应及时扫除积雪，疏通排水槽，降低地下水位，保持地面无积水。大雪之后到处白茫茫一片，蜜蜂受雪光反射刺激，会飞出巢外冻死。因此，应遮暗巢门，减少因雪光刺激带来的损失。再如，寒潮以后往往气温骤降，由于温度过低，边脾蜂往往脱落箱底而冻死，也因为太冷，蜜蜂就靠多吃糖来提高热量，相对增加了饲料的消耗。如果加强管理，如缩小蜂箱巢门、蜂箱上覆盖草帘或套盖塑料薄膜等措施提高巢内温度、提供优质饲料，就可以避免和减少损失。

四、做好蜂病防治工作

蜜蜂越冬由于气候恶劣，飞翔排泄往往受阻，抗病能力下降，容易发生蜂病。所以，要高度重视蜂病防治工作。越冬期最常见的疾病是大肚型的爬蜂病。患此病后的蜜蜂腹部膨大，蜂体发黑、油光，绒毛脱落，失去飞翔能力，大多从框梁跌落死于箱底。严重时箱底死蜂成堆，甚至堵住了巢门。预防大肚病可采用以下方法：①对所用的蜂箱、巢脾等进行严格的消毒，切断传播途径。②越冬饲料一定要优质。巢内的茶花蜜、甘露蜜一定要摇出，补喂优质蜂蜜或白砂糖。③补充蛋白质、维生素等营养饲料。④患病时要及时清除箱内死蜂，以减少传染源；同时用适量升华硫磺，均匀地撒于框架与蜂路上，以控制病情的发展。⑤促使蜜蜂飞翔排泄，能有效地抑制该病的蔓延。在雨后天晴中午，气温不低于 8℃时，用加有适量米酒的温热糖液，浇在框梁上，蜜蜂吸吮后会出巢飞翔排泄。⑥采用抗病毒药物治疗，也可用醋酸大蒜溶液加入糖液中饲喂治疗。

第四节 控制自然分蜂，防止削弱群势

一、自然分蜂的危害

每年春末夏初，蜂群发展到顶峰时期，就会出现自然分蜂

热。这是蜜蜂在漫长的进化过程中，为求生存和发展所形成的一种本能。然而，自然分蜂会给蜂场造成不同程度的损失。凡起了分蜂热的蜂群，改变了群内稳定有序的结构，使群体功能丧失，出现了异常现象——工蜂采集积极性骤然下降，出勤蜂大大减少，呈“怠工”状态，许多蜜蜂呆在巢门口和箱壁两侧，有的结成“胡子蜂”；蜂王腹部收缩，体形变小，产卵量大减；王浆框上吐浆蜂稀少，蜂王浆产量骤降。这些迹象就是分蜂的预兆。此时，如果不及时采取针对性措施，工蜂就会迫使蜂王带领一半左右工蜂，飞离原巢，另建新巢。一群分蜂还会引起连锁反应，引起多群分蜂，就会大大削弱群势，给蜂场造成重大损失。所以，防止自然分蜂，是维持强群的一个重要环节。

二、自然分蜂的原因

关于分蜂的原因有多种不同的解释。德国格斯通的“哺育蜂生产王浆过剩”理论，认为蜂群中幼龄哺育蜂生产过剩的蜂王浆是导致分蜂的原因。前苏联学者提出了“工蜂体内营养物质过剩”的假说，认为由于过剩的王浆被工蜂自身吸收，促使卵巢发育，形成了产卵工蜂，到分蜂前，产卵工蜂的总数有时可达全群工蜂的30％左右，这些产卵工蜂改变了对蜂王的饲喂，出现了激怒情绪，从而停止饲喂蜂王，妨碍蜂王行动，阻挠蜂王产卵，促使蜂群发生分蜂。加拿大的温斯顿和美国的泰勒、奥蒂斯等认为分蜂是巢内外因素综合的结果。这些因素主要有蜂群群势、巢脾面积、蜜蜂数量、工蜂的平均日龄、老蜂和幼蜂的比例、育虫巢拥挤程度、占用有效育虫巢的面积、工蜂在育虫区的拥挤情况以及蜜粉源情况等。在春、夏季节，较充足的蜜粉源为育虫、培育强大的群势提供了条件，故分蜂多发生于春、夏两季。而巢内微环境的改变，如巢内蜂多拥挤、通风不良、蜜粉充塞、卵圈受压、缺乏造脾发展余地等都容易促成分蜂，而且大群、老蜂王更易发生分蜂。

三、自然分蜂的预防

自然分蜂是蜂群正常的生物学现象，只要探索和掌握了分蜂的规律和特点，因势利导，分解转化分蜂因素，自然分蜂是可以预防的。

预防分蜂可采用以下对策和措施。

（一）人为地削弱强群，一次性另立新群

具体做法：①准备好蜂具，定好箱位。傍晚时从群势过强的蜂群中带蜂抽出若干张巢脾到新立群。②配置好蜂脾。出房子脾、封盖子脾、虫卵脾和空脾搭配合理。巢箱为繁殖区，继箱为贮蜜和产浆区。③抽调来的部分老蜂仍要返回原巢。因此，要多抽几张脾，把蜂抖落在新群内，巢脾放回原群。④为使蜂群安静，可用混有白酒和醋酸的糖液，浇在框架上，吸引蜜蜂吸食，以混合来自不同蜂群的气味，使之成为一体。⑤次日傍晚介入1只产卵蜂王或成熟王台，同时加入王浆框生产王浆，这样就成了生产群。这种方法既能消除分蜂热，又能增加生产群，有利于增加收入，可以一举两得。

（二）强弱群互调子脾，平衡群势

根据本场各蜂群的群势强弱，有计划地互调子脾。即在群势强大有可能产生分蜂热的蜂群中，抽出房子或老封盖子脾，补给弱群、小群、双王群、新王群。再从弱群、小群中抽出虫卵脾，加到强群中哺育。这样既削弱了强群群势，增加其哺育负担，消除了分蜂热的发生，又补强了弱小群，平衡了群势。

（三）选育能维持大群的优质蜂王，更替劣王

一个蜂群能否维持强大群势，与蜂王品性优劣密切相关。

品性差的蜂王，即使中等群势，也会闹分蜂。因此，养蜂者在选种育王时，除了要选择产卵好、产量高、抗逆抗病能力强等性能外，还要具有能维持强群群势的性能。

（四）强化工蜂工作，及时加础造脾

分蜂意念较强、卵巢容易发育的是15～16日龄的工蜂。这些青壮年工蜂，当巢内虫卵多，哺育负担重时，就埋头工作，安静无声；反之，巢内虫卵少，哺育力过剩，无所事事的时候，就会加速分蜂热的发生。因此，可以运用强化工蜂工作来分解其分蜂热。利用青年蜂泌蜡多的特点，及时加入巢础框，既化解了分蜂意念，又多造了巢脾。

（五）多养双王群，增加蜂王物质

蜂巢内蜂王物质多，则蜂群情绪稳定，工作有序，采集积极，蜂王产卵多；反之，蜂巢内蜂王物质不足，蜂群烦躁不安，工作消极，蜂王产卵少，从而促进分蜂热的发生。双王群一般不易产生分蜂热，这有两方面的原因：一是巢内有2只蜂王，分泌蜂王物质多，增强了对工蜂分蜂意念的控制，抑制了分蜂意念的萌发。二是巢内有2只蜂王产卵，虫卵多，哺育负担重，工蜂不易产生分蜂意念。因此，一个蜂场应饲养半数以上的双王群，以减少自然分蜂的损失。

（六）对调强弱群位置，平衡群势

产生自然分蜂之时，正是收蜜、产浆最忙之时，养蜂者往往自顾不暇，无力处理分蜂热。在这种情况下，可采用简单易行的对调强群与弱群（小群）位置的方法，来平衡群势，达到削弱强群，增强弱群（小群），消除分蜂热的目的。此法操作简便，也不影响蜜蜂采集。可在傍晚进行，也可在夜间进行。

（七）加强蜂情观察，及时采取措施

蜂群分蜂是有先兆的。所以，养蜂者平时应仔细观察蜂情，及时掌握动向，提早发现分蜂迹象，赶在分蜂之前采取措施，就可制止分蜂，减少损失。当发现出勤蜂减少，采集消极怠工，巢门口“呆”蜂增多，有“胡子蜂”；蜂王产卵骤减，王体缩小等现象，说明即将发生分蜂，就应果断而迅速地采取措施，制止分蜂。

此外，平时查蜂要仔细，应将所有自然王台全部杀尽，不能漏掉1个。自然王台的存在是促发自然分蜂的重要因素之一。

四、自然分蜂时的应急处理

发生自然分蜂时，突然大批蜜蜂争先恐后地冲出巢门，飞向天空，来回打圈，在蜂场上空飞翔5～10分钟，然后在蜂场附近的树枝、竹梢或篱笆上，由少到多地停下聚集。若蜂王已在其中，在天空飞翔的蜜蜂，由于受到蜂王信息素的吸引，纷纷飞来聚集，且越聚越多，然后形成一个蜂团。此时，侦察蜂飞向远处寻找营造新巢的合适之处。找妥后，就会带领分蜂团飞向新地。但这个过程一般要几个小时，个别的也有延长到第二天才飞走。因此，收捕工作应越早越好，必须赶在飞离之前，若延误时机，就无法收捕了。

收捕分蜂团的关键是要找到蜂王，即所谓“收蜂先收王”。收捕方法是：若分蜂团处于较低矮位置，可用手提式喷雾器，在蜂团四周不断喷水，稳定其情绪。然后用食指或器具，慢慢拨开蜂团。找到蜂王后，迅即用喷雾器喷湿其双翅，使它难以飞逃，再用大拇指和食指敏捷而准确地抓住蜂王双翅（不宜抓腹部，以免受伤），关进事先准备好的王笼，尔后把王笼放回原群。至于飞逃在外的蜜蜂，可以不去理它，只要抓回了蜂王，工蜂都会陆续地飞回原群。但要注意的是，必须探明分蜂团中是否还有蜂王。因为分蜂时，蜂场上空大批蜜蜂飞翔打圈，混乱不堪，常常会促发其它蜂群分蜂，或有婚飞、交尾的处女王混在蜂团中。如果分蜂团不散，不肯飞回原巢，说明团中还有其它蜂王，必须再次查王。对于飞逃蜂的原群，也要做仔细抽查，若有新蜂王或王台应提出另做处理，或者留新王去老王。

如果分蜂团结在较高的树枝或竹梢上，且距离地面高不可及时，可用空脾 1 张，喷上糖水，绑在竹竿上，依放在蜂团边。有了糖味的吸引，蜂团会慢慢移到糖脾上，很快会爬满糖脾。此时，缓慢地收回蜂脾，仔细查看是否有蜂王。如有蜂王可带脾带蜂暂放空箱内。如果没有蜂王，把糖脾上的蜜蜂抖落在已准备好的空箱里，盖上副盖，关闭巢门，不让蜜蜂飞出，再用同样方法诱蜂，直到查获蜂王。

如果分蜂团结得较大，而且飞翔蜂已经稀少，一般蜂王已在蜂团内，可用编织袋 1 只，用 8 号铁丝做成袋兜，绑在竹竿上，自下而上收，套住整个蜂团，然后用力摇动树枝或竹梢，使蜂团掉进袋内。对于收捕回来的蜜蜂，可返还原群，可另立新群，也可并入它群。如果收回的是多次飞逃的蜂群，应淘汰蜂王。如要留用，可剪去蜂王一侧翅膀的 1/4，使其失去飞逃能力。

第五节　预防夏衰

养蜂者深有体会，每年夏季高温季节到来之后，蜂群群势不断下降，蜂王浆产量骤减。到秋季时，一般蜂群群势下降了 1/3，有的甚至 1/2 以上。蜂王浆产量一般减产 1/2，有的甚至停止生产蜂王浆。这种现象，养蜂人称之为蜂群夏衰。夏衰是全年养蜂生产中的薄弱环节，也是全年蜂王浆产量最低的时期。因此，预防夏衰也是获得全年蜂王浆高产的重要措施。

一、蜂群夏衰的原因

炎热的夏季给蜂群生活和生存构成了严重的威胁。蜜蜂属变温昆虫，但蜂群能随不同的发育时期，做相应的调整，以维持巢内必需的温度和湿度。断子期，巢温会随外界气温而变动，一般保持在 14℃～32℃。育虫期，蜂巢中心的温度稳定地保持在 32℃～35℃，强群则保持在 34℃～35℃。倘若巢内温度上升到 36℃以上，蜂群就要振翅扇风降温，以适应蜂群生理上的需要。炎夏高温期间，气温往往上升到 38℃以上，尤其是那些无遮盖的露天蜂场，在太阳暴晒下，往往气温高达 40℃以上。大批蜜蜂投入采水降温工作，不断地振翅扇风，日夜不停地发出嗡嗡声。有资料表明，蜜蜂振翅扇风所消耗的能量，与空中飞翔所消耗的能量大体相等。这就是说，日夜不断地扇风，相当于日夜在飞翔，可见其体力消耗之大了。水是蜜蜂所不可缺少的物质，饲喂幼蜂需要水，没有水幼虫会干瘪；溶解高浓度的蜂粮需要水，没有水无法溶解；巢内闷热干燥的环境需要水，没有水不能增加湿度。1 个 10 框足蜂的蜂群生产期每天需水 300 毫升左右，尤其在幼虫多和炎热高温时，每天需水 500 毫升以上。虽然花蜜中含有水分，但远远不能满足蜂群的需求。由于高温干燥，使巢内严重失水，这就需要大批蜜蜂去采水。以 1 只工蜂每天采水 50 次，每次 0.025 毫升计算，如果一群蜂每天消耗 500 毫升水，就要有 400 只工蜂整天去采水。因此，蜂群很大一部分的消耗是花在振翅扇风和采水上，势必会影响蜂群的繁殖和生产。此外，蜜蜂的寿命是由遗传、营养、劳损和健康等因素决定的。蜜蜂过度劳累，寿命就会缩短。据《美国蜜蜂杂志》报道，夏季出房的工蜂只能存活

25～40 天，平均存活 32.5 天，而冬季出房的工蜂平均可以存活 154 天，相差近 4 倍。冬季出房蜜蜂之所以寿命长，主要原因是体力消耗少；夏季出房的蜜蜂寿命短，主要是处在高温下，整天忙于采水和扇风，劳累程度高导致寿命缩短。

夏季另一个对蜂群不利的因素是敌害多，如胡蜂、蟾蜍、蚂蚁、蜘蛛、蜻蜓、巢虫等，尤其是胡蜂、蟾蜍的危害大，蜜蜂损失多。

上述多种因素，导致了炎夏蜂群群势的快速下降。加上巢内闷热，夜间大批蜜蜂爬到巢外箱壁上"乘凉"，进一步削弱了群势，导致哺育蜂不足，不但蜂王浆产量大幅度下降，而且蜂王产卵也大大减少。这样就出现蜜蜂死得多，生得少，生死比例失调，新老蜂交替脱节，群势不断下降，导致了蜂群夏衰。

二、预防蜂群夏衰的对策

蜂群的夏衰是可以预防和减轻的。主要措施有以下几条。

(一)防暑降温

人为地为蜂群创造适宜的小气候，减少蜜蜂振翅扇风的劳累，以延长其寿命。具体方法：①越夏场地应选择在树荫下、竹林等通风阴凉处。朝向以坐北朝南为好，因为夏季一般以南风为主，可减少巢内闷热。②搭棚遮荫。用稻草编成草帘，在蜂箱上搭起凉棚。有条件的定地养蜂场，可在箱后种上南瓜、丝瓜、扁豆等藤蔓作物，既能增加阴凉度，又有所收获。③临时转地蜂场不能搭棚的，可在蜂箱上盖草帘，用小竹枝把稻草编成 5 厘米厚的草帘。长度以整排长度而定，宽度以遮住蜂箱前后长出 20 厘米为宜。盖草帘时，箱前一侧用砖头垫起 20 厘米，这样既不使太阳直晒，又能使箱盖上通风，还能避免下雨时被淋湿。④副盖上放湿棉絮或海绵。制作与副盖同样大小的旧棉絮(海绵更好)片,在冷水中浸透,稍加拧干,以不滴水为度,置于副盖与大盖之间,这样可增加巢内湿度,降低巢温。但患白垩病的蜂群,不宜采用此法。因为增加湿度,会加重白垩病的病情。⑤夜间打开气窗。夜间把巢箱和继箱的气窗全部打开,使巢内外空气对流,减少闷热。但白天仍须关闭,不使热空气侵入。⑥场地泼水。场地晒干,地温升高,热气腾腾。每天 9 时、13 时和 18 时,在蜂箱前后 1 米左右的地上各泼水 1 次,保持场地潮湿,以降低地温。⑦扩大巢门。巢门是蜂群扇风排热的主要通道,巢门小散热慢。扩大巢门有利于散热。⑧垫高蜂箱。用砖石将蜂箱垫高 15 厘米以上,这样既可以减少地面辐射热,又能使箱底通风。

(二)充足供水

炎夏高温时期,蜂群需水量大,大批蜜蜂投入采水工作,消耗体力大,缩短了寿命,这是造成蜂群夏衰的重要因素之一。利用人工喂水,满足蜂群对水的需求,不但可以大大减少蜜蜂采水的负担,减轻劳损程度,有利于延长寿命,而且喂的水清洁,避免了采食污沟水、粪坑水,减少了病原菌的传染,有利于蜜蜂的健康。喂的水中应加入微量食盐。盐是蜜蜂代谢和繁殖中不可缺少的物质,对保持血液淋巴的渗透压、组织中的酸碱平衡以及淀粉酶活性等都具有极为重要的作用。若体内缺少盐分,会使工蜂、蜂王和雄蜂各自的功能失衡,使繁殖受阻,消化系统血液循环受到破坏,严重影响幼虫的发育和成年蜂的寿命。但要严格控制食盐的用量,因为喂盐过量,会导致蜜蜂慢性盐中毒,不利于蜜蜂健康,甚至会缩短寿命,提前死亡。严重盐中毒的症状是:巢脾上的蜜蜂减少,爬行蜂增多;蜂体和绒毛变黑,带有光亮色;蜜蜂出现腹泻;病蜂精神委靡不振,有的会从巢脾上跌落到箱底。

蜜蜂饮水中盐的浓度多少为宜？国内外报道不一，相差悬殊。前苏联学者A.M斯米尔诺夫的试验表明：饲喂含0.1%～0.2%食盐的糖浆，工蜂生存时间为15～17天；饲喂含0.5%食盐的糖浆，工蜂生存时间为10～11天；饲喂含1%食盐的糖浆，工蜂生存时间为9～10天；饲喂含2%食盐的糖浆，工蜂生存时间为7天；饲喂含5%食盐的糖浆，工蜂生存时间为3天；而饲喂含10%食盐的糖浆，工蜂生存时间仅为3天。因此，他得出的结论是以0.1%盐水喂蜂为宜。但从国内情况看，一般认为以0.2%左右为宜。

夏季天气酷热，空气干燥，蜂群需水量大，以巢内外同时喂水为好。其方法如下：

1. 巢内喂水　用空脾1张，洗净，灌满淡盐水，置于箱内隔板外，由蜜蜂自行吸吮。也可用饲槽置于巢内喂水。

2. 巢门口喂水　用大号饲槽1只，横放在巢门口，由蜜蜂自由采食。但槽中要放漂浮物，以免蜜蜂淹死。

3. 挖水沟喂水　在蜂场前后挖深30厘米、宽15厘米的水沟若干条。定地养蜂的，最好用砖砌成，沟内四周涂上水泥，沟中放满清洁水，上面放些漂浮物，让蜜蜂停息采水。

4. 蜜桶喂水　桶内装满清水，桶的中间固定1只干净的大麻袋，从桶口拖到桶底。麻袋给采水蜂提供了立足点，蜜蜂可以沿着麻袋从桶口到桶底采水，这样可以避免淹死。水中放树枝、稻草、海绵、泡沫材料等都不如麻袋好。

（三）防害除害

夏季蜜蜂敌害多，白天胡蜂、夜间蟾蜍和青蛙等都会侵害蜜蜂，损失较大，这也是群势下降，造成蜂群夏衰的一个因素。因此，必须高度重视蜜蜂敌害的防除工作。

在山区，胡蜂对蜜蜂危害很大，几只胡蜂就可以搞垮一群蜂。胡蜂不仅能拦劫空中飞行的蜜蜂，而且还会在蜂箱巢门前等候，大量咬死蜜蜂，并弃尸在巢门外。此时蜜蜂纷纷回巢或四处躲避，造成蜂群大乱。当蜂群较弱，巢门口较大时，胡蜂会成群攻入，使蜂群被迫弃巢迁逃或被毁灭。摧毁养蜂场周围胡蜂巢穴，是根除胡蜂危害的关键。但是许多胡蜂营巢隐蔽不易被发现，或蜂巢高悬树木枝头，无法举巢歼灭。因此，最好的办法是捕捉来蜂场的胡蜂，将其敷药处理后放回巢中去污染胡蜂巢穴，毒杀同伙，最终达到毁灭全巢的目的。具体方法有：①人工敷药法。如福建农业大学蜂学系研制的“毁巢灵”，采用人工敷药器对捕获的胡蜂进行敷药，然后放其归巢，使药物污染全巢，毒死同伙。②自动敷药法。捕到胡蜂后，放入盛药的广口瓶内，盖上瓶盖，瓶内胡蜂沾上药粉后，放回巢，达到杀死胡蜂，毁灭全巢的目的。③拍打消灭法。利用胡蜂喜欢咬食同类尸体的习性，将胡蜂尸体集中在胡蜂最喜欢攻击蜂群的附近加以引诱，将胡蜂拍打消灭。④药物毒杀法。毒杀胡蜂的药物有毒杀酚等有机氯杀虫剂及敌百虫等有机磷杀虫剂。

蟾蜍、青蛙夜间出来吞食蜜蜂，对蜂群造成的危害也不小。1 只大蟾蜍一夜能吞食几百只蜜蜂。防除方法：①垫高蜂箱，使其可望不可及。②用木棒一头钉上 3 寸钉，锉成尖头，夜间配合手电将其刺死。③在巢门前挖 1 个 30～40 厘米深的小坑，使蟾蜍等跌入坑内，无法出来。④用雄蜂子拌上少量农药，将其毒死。此外，平时蜂场前后应铲除杂草，撒上石灰，使其无藏身之处。

蚂蚁一旦进入蜂巢内，便会引来大批的同伙盗蜜，而且会越来越多，造成严重危害。防治方法：①用“灭蚁王”等灭蚁剂拌和面粉，放在塑料薄膜上，置于蜂箱底下，蚂蚁将面粉搬回蚁巢后，中毒死亡。②经常用生石灰或食盐撒在蜂箱周围，断绝蚂蚁通道。③在蜂箱附近寻找蚁穴，用农药灌注，使其中毒死亡。

此外，夏季粉蜜源缺乏，蜜蜂营养不良，加上工作劳累，促使提早死亡。因此，对蜂群补助营养，增强体质也十分重要。

第四章　科学饲养是优质高产的条件

要养成强壮的群势，实现蜂王浆的优质高产，提供丰富而全面的营养是必不可少的前提和条件。饲料的数量和质量不仅影响蜂王浆的产量，而且还影响其质量，因为蜂王浆中的多种生物活性成分大部分来源于其食物中的蛋白质。因此，蜂王浆的质量和活性成分受饲料（花粉）条件的影响非常明显。

花粉是蜜蜂不可缺少的蛋白质饲料，粉源期要尽量脱粉，尽可能多贮藏。缺粉时要连续饲喂不中断。同时，在巢内保持一定的花粉库存，让蜜蜂有足够采食的面积。一般情况下，花粉的可采食面积越大，蜜蜂的采食机会越多，采食量也会增加。采食量增加，哺育力和泌浆力也会增强，进而幼虫数量和蜂王浆产量也会增加。扩大花粉可采食面积的办法是灌脾和框梁上放花粉糖饼同时进行。

为了给蜂群提供丰富而全面的营养，满足蜂群生长、发育、繁殖和生产的需求，获得蜂王浆的优质高产，首先应了解蜜蜂的营养素，了解蜜蜂对营养的需求，在此基础上掌握蜜蜂配合饲料的配方、制作方法和饲喂方法，最大程度地满足蜂群蜂王浆优质高产对营养的需求。

第一节　蜜蜂的营养需要

营养需要是指蜜蜂为维持正常的生命活动，所摄食、消化、吸收和利用的各种营养成分。这些营养成分包括蛋白质、糖类、脂类、维生素、无机盐和水。

一、蛋 白 质

蛋白质是由多种氨基酸组合而成的高分子化合物，是生物体的主要组成物质之一。蛋白质作为每个活细胞有活动力的原生质的成分，是生命活动的基础。

蛋白质的主要功能是：①新组织的形成。蜜蜂从食物中获得的蛋白质经过消化、吸收，分解为氨基酸，再重新组合成身体所需的蛋白质，构成组织器官。这种情况主要发生于从蜂幼虫到成虫的生长阶段，在蛹化时期这一过程最明显。蜂王产卵期，每天都需要大量的蛋白质饲料。②维持组织器官新陈代谢平衡。在生物体已经停止生长的成熟期，各组织器官的细胞不断地进行新陈代谢，需要不断地加以更新、修补，蜜蜂必须从饲料中或其它组织中吸收蛋白质，作为补偿代谢、修补组织器官的原料。③调节功能。蜜蜂体内细胞和体液中的蛋白质具有调控水平衡、酸碱平衡、渗透压，尤其是细胞内体液平衡的功能。调节蜜蜂生理过程的激素都是蛋白质组成的，具有促进化学反应的催化剂——酶的成分也主要是蛋白质。④蜂王浆生成的原料。鲜蜂王浆中含有11%～14%的蛋白质，这些蛋白质都是由饲料中的蛋白质转变生成的。此外，蜂蜡和蜂毒的生成也需要蛋白质。⑤产生能量。蛋白质中氨基酸经分解能产生能量。

据测算，每只工蜂在其生活的28天内平均消耗3.08毫克氮的蛋白质，约相当于100毫克花粉。培育1只工蜂，从幼虫到羽化成虫，需要120～145毫克花粉。1个强壮蜂群，1年可培育15万～20万条幼虫，加上成年蜂的消耗，估计需30～45千克的花粉。

对蛋白质的需要，实质上也是对氨基酸的需要。研究发现，蜜蜂的正常发育需要精氨酸、组氨酸、亮氨酸、异亮氨酸、赖氨酸、蛋氨酸、苯丙氨酸、苏氨酸、色氨酸和缬氨酸等 10 种氨基酸，这些氨基酸对蜜蜂来说缺一不可。蜜蜂除自己合成组氨酸外，其它氨基酸必须从蛋白质饲料中获得，而大部分花粉含有 17 种以上的氨基酸，能够满足蜜蜂的需要。

不同植物花粉的蛋白质含量有很大差异，一般含量8%～40%，平均约为 20%，因而各种花粉对蜜蜂的营养价值也不相同。花粉对蜜蜂的营养价值会随着贮藏时间的延长而降低。以新鲜花粉在刺激工蜂营养腺发育上有 100%的效果推算，贮藏 1 年后的花粉只有 24%的效果，贮藏 2 年后的花粉对营养腺的发育和育虫就基本无效了。贮藏花粉的失效可能是花粉中蜜蜂正常发育的必需氨基酸丧失所致。

二、糖　类

糖类是由碳、氢、氧组成的有机化合物。通常可将糖类分为单糖、低聚糖和多糖、葡聚糖。

糖类的主要功能是：①组织的重要组成部分。糖类是蜜蜂细胞膜、细胞质和细胞核的组成成分，组织的修补、更新也需要糖类。②能量的主要原料。蜜蜂各种活动所需要的能量，维持体温和蜂巢温度，主要依靠糖类的分解氧化来提供。蜜蜂采集的花蜜中的糖类，可以在体内转化为糖原、海藻糖和脂肪，作为贮备的能源。成年蜜蜂可以长期依靠纯糖类维持生活。蜜蜂将糖类作为能源就节约了蛋白质和脂肪作为能源的消耗。③生产蜂产品的原料。糖类是合成蜂蜡的主要原料，蜂王浆中也含有一定数量的糖类。④特殊功能。有些糖类及其衍生物具有特殊功能。例如，在控制和传递遗传信息的化合物——脱氧核糖核酸和核糖核酸中的糖；作为合成某些氨基酸的碳架；具有解毒作用的葡萄糖醛酸等。

花蜜中含有4％～60％的糖类，含量的高低取决于植物种类，并受温度、湿度、雨量、日照等气候状况及土壤条件的影响。蜂群的蜂蜜消耗量受到蜂群群势、育虫数量、气候条件、花蜜种类和数量等许多因素的影响。一群蜂1年为维持生命活动和发展，至少要消耗蜂蜜50～70千克。蜜蜂飞翔时全靠糖类的分解提供能量，由于它们不能利用身体中的蛋白质或花粉中的蛋白质和脂肪作为飞翔时的能源，所以，必须不断地补充糖类。

三、脂 类

脂类一般包括脂肪、油和蜡。脂肪酸是脂类的关键成分，许多脂类的物理特性取决于脂肪酸的饱和程度和碳链长度。

脂肪的主要功能是：①提供能量。1克脂肪可产生37.56千焦能量。②提供机体不能合成的必需脂肪酸。③作为机体的结构成分，在机体的一定部位上支撑器官，可减轻震动，并保护身体不受温度迅速变化的影响或热量过多的损失。④作为脂溶性维生素的载体，协助它们在肠内的吸收、利用。⑤作为雌激素、雄激素、昆虫信息素以及胆盐的前体。⑥吸收和保持食物的香味，增加食物的适口性。

蜜蜂需要从饲料中获得脂类作为能源，合成贮备的脂肪和糖原，以及作为细胞膜的重要结构成分。此外，蜜蜂与大多数昆虫一样，为了正常的生长、发育和繁殖，需要从食物中获取甾醇。

四、维生素

维生素对于蜜蜂有效地利用食物的营养素和维持健康、

生长、繁殖和生命活动是必需的。缺少维生素，蜜蜂就不能正常生活，并发生特异性疾病——维生素缺乏症。维生素有20余种，大致可分为脂溶性维生素和水溶性维生素两大类。维生素是一些辅酶的组成成分，在蜜蜂体内参与物质的新陈代谢。每种维生素都具有特殊的功能，同时一种维生素不能代替另一种维生素或起到另一种维生素的功能。维生素主要来源于植物。除维生素C和维生素D外，只有当蜜蜂吸食了含有该种维生素的食物或含有合成它们的微生物时，它们才能在组织中出现。

花粉中含有丰富的水溶性维生素，而脂溶性维生素含量较低。通常，花粉含有7种B族维生素，它们是硫胺素、核黄素、吡哆醇、泛酸、烟酸、叶酸和生物素，肌醇和维生素C也存在于花粉中。因此，只要有花粉或蜂粮，就能满足蜂群对水溶性维生素的需要。

五、无机盐

无机盐是指食物或有机体组织燃烧后残留在灰分中的化学元素。

无机盐的主要功能：①使骨骼具有一定的强度和硬度。②与蛋白质和脂类等有机化合物结合，成为机体组织的组成部分。③激活酶系统。④控制体液平衡，调整渗透压和排泄。⑤调整酸碱平衡。⑥对肌肉和神经的应激性起到特殊作用。

蜜蜂体躯含有的主要无机盐是磷、钾、钠、镁、钙和铁。各种花粉，包括蜜蜂采集的混合花粉，通常含有占干重2.5%～6.5%的灰分。各种花粉都含有钾、钠、钙、镁、铜、铁、锰、锌等元素。因此，花粉能满足蜜蜂的无机盐需要。

蜜蜂饲料中如含有过量的无机盐则对蜜蜂有害。甘露蜜中存在的无机盐对蜜蜂有害，可使蜜蜂寿命缩短。

六、水

水是一种特殊的也是最重要的营养素，是一切生命活动所必需的物质，也是机体中含量最高的营养素。水在生物体内的功能：①组成体液的主要成分，对蜜蜂体内物质的新陈代谢过程具有特殊作用。②作为运输及代谢的重要溶剂；作为各种物质的载体，输送养分，排泄废物。③通过水分的蒸发降低蜂巢温度。④蜜蜂用水保持育虫巢的相对湿度，保证卵的孵化和防止幼虫脱水。⑤参与消化和代谢过程的化学反应。⑥蜜蜂在取食浓的、结晶的蜂蜜或固体食物时，首先需用水将它们溶化。

蜜蜂通常从采集的花蜜中得到所需要的水分。大量需水时，部分采集蜂专门外出采水。哺育蜂分泌幼虫饲料时，需要很多水分。蜂群的水分消耗量随群势强弱和气候条件而变化。在育虫期，每群蜂每天通常需要 200 毫升以上的水。除了从花蜜中获得的水分以外，估计每个蜂群每年需要采水 20 升左右。

第二节　蜜蜂配合饲料的原料及其配方

一、蜜蜂配合饲料的原料

蜜蜂配合饲料原料可分为蛋白质饲料、维生素饲料、无机盐饲料以及促食剂等。

（一）蛋白质饲料

常用的富含蛋白质的原料有豆饼、芝麻饼、向日葵籽饼、花生仁饼、酵母、奶粉、蚕蛹粉等，此外，也有用鱼粉、蚯蚓粉、小球藻粉配制的。

1. 豆饼　是以大豆为原料，榨取或提取食用油后的副产品。豆饼中的粗蛋白质含量一般在40%～48%，其中赖氨酸的含量较高，为2.4%～2.9%。压榨豆饼含脂肪较多，为4%～7%。

大豆含粗蛋白质37%，粗脂肪16%，粗纤维5%，虽然营养丰富，但不宜直接利用。这是因为：第一，大豆含脂类太多，容易氧化，溢出油脂而变质，产生哈喇味，质量下降，口味不佳。特别是蜜蜂吃了含脂类太多的食料，会导致消化不良，积粪增多，容易引发大肚病。因此，最好与其它含脂肪量低的原料（如酵母粉或脱脂奶粉）配合使用。第二，大豆中含有一种胰蛋白酶抑制因子，影响动物对其中蛋白质的吸收和利用。在约100℃下经过10～15分钟加热处理，可将胰蛋白酶抑制因子钝化。但是加热温度不宜过高，否则会降低豆饼中蛋白质和氨基酸的质量和利用率。

除利用豆饼外，也可将大豆炒熟后加工利用。但是加热要适度，炒到黄豆外壳能脱去即可，不可炒焦。炒焦了会使维生素、赖氨酸等有效成分明显降低。

单纯用大豆或豆饼代替花粉，营养不够全面，应加入其它营养物质。大豆虽然营养丰富，但蛋白质含量过高，会影响钙的代谢，导致无机盐代谢失衡。研究表明，蛋白质含量越高，肾小球钙、磷的吸收率越低，营养成分排泄越快。又由于制作豆粉需要经过加热处理，加热会使一些营养成分遭到破坏，尤其是维生素、赖氨酸损失更多。因此，在制作中需要加入适量的维生素、无机盐等其它营养成分。

2. 芝麻饼　含粗蛋白质39%，粗脂肪5%，赖氨酸含量较豆饼少。

3. 蚯蚓粉　蛋白质、氨基酸含量都很高，而几乎不含粗纤维。

4. 全脂奶粉　含粗蛋白质26%，粗脂肪30%，赖氨酸含量较高。

5. 脱脂奶粉　含粗蛋白质35%，粗脂肪含量很低、约为0.4%，氨基酸含量较高。

6. 蚕蛹粉　含的粗蛋白质、粗脂肪和氨基酸都较高，粗蛋白质含量为53%，粗脂肪含量为25%。最好使用榨油后的蚕蛹渣粉，它的干物质中含粗蛋白质69%，粗脂肪3%，粗纤维5%。

7. 酵母粉　蛋白质含量较高、为52%，不含脂肪，各种氨基酸含量很高。国外经常采用啤酒酵母粉、乳清酵母粉和圆酵母粉。

8. 鸡蛋及蛋粉　鸡蛋含有丰富的蛋白质、维生素和无机盐类。鸡蛋的蛋白质有很高的消化率，含有维持生命和促进生长发育所需要的全部必需氨基酸。鸡蛋还是微量元素、维生素A、维生素E以及大部分B族维生素的良好来源。

9. 其它　在蜜蜂配合饲料中还可采用花生仁饼、向日葵籽饼、小球藻、豆浆等蛋白质饲料。

(二)维生素饲料

主要指工业合成或提纯的水溶性维生素和脂溶性维生素。

由于常用做花粉代替品的豆饼粉不含维生素C，可能降低其营养价值。因此，在使用豆饼粉时，添加维生素C是必要的。

（三）无机盐饲料

是指无机盐饲料添加剂。蜜蜂幼虫所需最多的是钾和镁，其次为钠和钙，再次是铁、铜、锌、锰、磷等元素。养蜂者最常用的是在饲喂糖浆或蜜汁时，添加食盐。食盐的添加量以不超过0.2%为好。

（四）促食剂

是促进蜜蜂采食配合饲料的添加剂。人们推测花粉中可能含有某种吸引蜜蜂的物质，经鉴定，花粉中对蜜蜂具有吸引力的物质为一种叶黄素的酯（$C_{18}H_{30}O_2$）。在蜜蜂配合饲料中，添加花粉的全部脂类或溶于丙酮中的酯组分，都能显著提高蜜蜂的采食量。在蜜蜂饲料中添加茴香油、小茴香油、春黄菊油和人造蜜精，都能提高饲料对蜜蜂的吸引力。

二、蜜蜂配合饲料的配方

蜜蜂最好的蛋白质饲料当然是天然花粉。在粉源充足的油菜、玉米、茶花等花期，应想方设法多采集蜂花粉，贮备起来，以备缺粉时补饲。在缺乏花粉时，特别是早春，可饲喂蜜蜂配合饲料。蜜蜂配合饲料可分为含有花粉的补充饲料和不含花粉的花粉代用品两大类。常用的蜜蜂配合饲料简易的配方有下面几种。

配方1：豆饼粉（或芝麻饼粉、向日葵饼粉等）2～3份，花粉1～2份。巢内饲喂时，用2∶1浓糖浆或浓蜜汁混合制成糖饼（下同）。

配方2：花粉1份，酵母粉3份。

配方3：豆饼粉2.5份，酵母粉1份，脱脂奶粉1份，蛋粉0.5份。巢内饲喂时，用3∶1浓蜜汁或浓糖浆混合制成糖饼。

配方4：酵母粉2份，白糖3份。巢内饲喂时，酵母粉3

份，白糖3份，加水2.5份，混合制成糖饼。

配方5：鲜牛乳1份，蜂蜜或白糖1份。

最好在每千克配合饲料中添加1克赖氨酸、1克蛋氨酸和1克多维，还可添加一些促食剂。

配合饲料中添加适量小麦芽，能提高饲料质量。但不宜采用未经发芽的小麦，因为小麦经过发芽，能使淀粉转化为葡萄糖，既提高了营养价值，又有利于蜜蜂消化。发芽方法是选用当年新鲜小麦，淘洗干净后浸水4～5小时，捞出置于包装袋中，在30℃左右下，经过24～36小时，当芽长到1厘米左右时，用太阳晒干或烘干，即可进行加工。

此外，人工花粉"育蜂灵"以脱脂大豆粉、酵母粉为主料，添加其它营养素配制而成。通过分析和试验表明，在外界缺乏粉源，蜜蜂活动期间，用"育蜂灵"饲喂蜜蜂，育蜂可达到蜂花粉的同样效果，而育蜂成本只有蜂花粉的1/4。而且，"育蜂灵"没有病原菌污染，饲喂蜂群安全，可避免由于蜂花粉携带病原菌造成的危害。

第三节 蜜蜂饲料的饲喂方法

蜜蜂饲料大体上可分为4类：以蛋白质和维生素为主的配合饲料、以能源为主的糖类饲料、水及无机盐。应根据这些不同类型饲料的理化特性，选择合适的饲喂方法。

一、配合饲料的饲喂方法

配合饲料的原料是固体，要磨成粒径在500微米以下的细粉才能被蜜蜂食用。若加工1次，细度达不到要求，需经过筛后再加工。饲料粒子粗，不但不利于蜜蜂消化，而且还会严重浪费。蜜蜂取食时,会把粗粒子吐弃。有时候饲喂豆粉饲料后,在箱底见到成堆的豆粉,原因就在于豆粉太粗。配合饲料的饲喂方法,目前大体有 3 种。

(一)灌脾饲喂

把需要配制的配合饲料,置于容器内,用蜜水充分拌和,使其干湿度达到手捏能成团,撒手能松开的标准。预先用草板纸制成大小不一的椭圆形纸板。选质量优良的空巢脾,中央用椭圆形纸板盖上;将混有蜜汁的配合饲料揉搓成碎粉团,装入四周的空巢房内,用蜂刷来回拂刷,使粉团深入巢房,以能露出房眼为宜,装填完一面再装另一面。然后用蜂蜜淋灌,使蜜汁渗入粉团,用大盆在下面接住流下的蜜汁。

(二)框梁饲喂

将粉状配合饲料加入蜜汁或糖浆,混合制成面团状的糖饼,将糖饼摊在蜂巢的框梁上,上面盖一层蜡纸或塑料薄膜,减少水分蒸发,以免变硬。饲喂量以能在 7 天内吃完为度。

(三)箱外饲喂

将调配好的配合饲料放入 1 只空蜂箱内。箱内底板上预先铺上纸或塑料薄膜,然后放入粉状的配合饲料。早春气温较低时,可在箱上盖上 1 块玻璃,两端或一端露出空隙,使蜜蜂能自由出入。

上述 3 种饲喂方法各有利弊,但以灌脾饲喂为佳,它接触面广,采集方便,也不受气候限制;缺点是制作手续较繁琐。框梁饲喂的优点是制作和饲喂方便,且蜂群采食量一目了然,但接触面小,采食不如灌脾方便,而且蒸发水分快,容易发硬。箱外饲喂干粉由蜜蜂自由采集,能促使蜂群兴奋,但受气候条件限制。为了扩大花粉可采食面积,可采取灌脾和框梁上放花粉糖饼同时进行。

二、糖类饲料的饲喂方法

（一）浓糖浆饲喂

为了在短时间内给缺蜜的蜂群补充饲料，需采用箱顶饲喂器或框式饲喂器饲喂浓糖浆（砂糖 2 份加开水 1 份）或浓蜜汁（蜂蜜 4 份加开水 1 份）。中等浓度的饲料为砂糖 1 份加 1 份水或蜂蜜 2 份加 1 份水。

（二）稀糖浆饲喂

为了在较长时间内鼓励蜜蜂的采集积极性和刺激蜂王产卵，通常用巢门饲喂器饲喂稀糖浆或蜜汁，进行奖励饲喂。1 份糖或 1 份蜜加 2 份水，混合均匀。

（三）蜜脾饲喂

预先在流蜜期贮存部分蜜脾是最好的办法。在补充缺蜜群时，将蜜脾放在温暖的室内，增温到 25℃以上，将蜜脾下方的蜜房盖割开，喷少许温水，加在蜂箱内边脾的位置，并将多余的空脾提出。在蜜脾不足的情况下，可用强群的蜜脾补助弱群。饲喂强群浓蜜汁，可避免盗蜂的发生。

（四）饲料箱饲喂

饲料箱是指装满蜜脾的继箱或箱体。继箱里的蜜脾是主要流蜜期时贮备的，在越冬前返还给蜂群，这样可以节省分离蜂蜜和饲喂蜂群越冬饲料的劳动，减轻蜜蜂的精力消耗，减少蜂群越冬损失，保证蜂群春季能迅速发展壮大，提高蜂群的生产力。应根据当地蜜源流蜜期的迟早、流蜜持续时间以及流蜜量，灵活使用饲料箱。

糖类饲料最好使用自产的蜂蜜和蜜脾。来源不明的蜂蜜，可能含有病原菌。饲料糖以白砂糖最佳；绵白糖含有微量的矾，原糖和红糖含无机盐较多，对蜜蜂不利。用酶法制造的高果糖糖浆也可作为蜜蜂的饲料糖,但在临近流蜜期时不宜作为饲料,以免混入蜂蜜中。

三、喂水的方法

蜂群喂水的方法分巢内喂水和露天喂水两种,应根据不同的季节,选择使用。

(一)巢内喂水

在早春气温较低时,可采用盒式自控饲喂器在巢内喂水,不用经常开箱,有利于蜂巢保温和避免发生盗蜂。也可采用巢门饲喂器喂水,或者在蜂箱巢门前踏板上放一盛水的细颈瓶,将1根纱布条或脱脂棉条,一端浸入水中,一端放入巢门内,蜜蜂在巢门内外都能饮水。

冬季干燥的地区,越冬的蜂群常因空气干燥,饲料蜜结晶,引起蜜蜂骚动不安。可在晴暖的中午,在箱内隔板外放置盛水的塑料瓶,用纱布条或脱脂棉条将水引到框梁上,并用塑料薄膜代替盖布盖在蜂巢上。

(二)露天喂水

在蜜蜂活动季节,在蜂场上设置饮水器或水盆。水盆的水面要放置漂浮物,让蜜蜂落足饮用,以免淹死蜜蜂。

试验表明,给蜂群饲喂磁化水可提高蜂王浆的产量。这是因为水磁化后,渗透性增大,能使水分子更有利于生物机体细胞的吸收利用,提高体内各种酶类的活性,促进工蜂体内的代谢活动。而且,水磁化后,极性增强,可增加养分的溶解性;表面张力的增大,可使饲料细胞膜快速膨大而利于消化利用;渗透性的增强也能提高蜂蜜和花粉饲料的利用率。另外,磁化水电离度增大,使微量元素离子增多,而且磁化水含氧量高,从而提高了对摄食饲料营养成分的吸收,进一步促进新陈代谢,达到促进腺体生长、发育及提高其活性的目的，从而使工蜂多泌浆，提高蜂王浆产量。

麦饭石能吸附水中有害成分，易溶解出蜜蜂必需的微量元素，调节水中 pH 值，促进机体新陈代谢，增强蜜蜂对营养物质的消化与吸收，增加工蜂咽下腺重量，延缓咽下腺分泌细胞衰老，提高蜂王浆分泌量，从而提高蜂王浆产量。

第五章　延长产浆期是优质高产的重要措施

产浆期是从每年开始生产蜂王浆之日起，到生产结束之日为止的一段时间。我国幅员辽阔，南、北方气候差异很大，可生产蜂王浆的时间长短不一。黑龙江的产浆期仅 3 个月，北京为 6 个月，浙江为 7～8 个月，而广西长达 10 个月左右。要延长产浆期，必须延长群势强盛阶段，要延长强盛阶段，应遵循蜂群的全年消长规律，因势利导，促使蜂群提前复壮，延迟衰退。强盛阶段就是生产阶段，生产蜂王浆不像生产蜂蜜，在辅助蜜源期甚至在无花期，只要群势强大都能生产。所以，延长了强盛阶段就能延长产浆期。在单位框次蜂王浆产量不变的前提下，蜂王浆产量是和产浆期呈正比的。

延长产浆期是增加全年蜂王浆产量的有效措施。以浙江省为例，过去蜂场的产浆期均较短。一般在 4 月上旬才开始上继箱生产蜂王浆，到棉花期结束，8 月下旬就撤框停止生产蜂王浆，全年的产浆期只有 140 天左右。现在的高产蜂场大都在 3 月上旬就上继箱生产蜂王浆了，到 11 月中旬前后才撤框停止产浆，全年产浆时间长达 250 天左右，比过去增加产浆时间 110 天左右，也就是产浆期延长了 75%～80%。

要延长产浆期，关键是抓两头：一头是提早春繁，提早养成强群，提前生产蜂王浆；另一头是充分利用茶花蜜源，延长产浆期，增加产浆量。

第一节　提早春繁

适时提早春季繁殖，是养蜂生产中的一项技术革新，可以有效地延长蜂群的生产时间，提高养蜂的经济效益。过去，浙江地区一般在大寒到立春之间开始春繁，到清明前后上继箱生产蜂王浆，正好赶上油菜花期。然而近年来，由于油菜品种的更新，耕作技术的改进，尤其是冬季气候的变暖，促使油菜开花季节提前，盛花期由原来4月初逐步提早到现在的3月上旬。这样就出现了繁殖赶不上花期的矛盾，也就是繁殖不能与花期同步。一些按传统老习惯繁蜂的蜂场，就处在被动的局面：油菜花已是遍地金黄了，而蜜蜂还在刚刚开始繁殖，等蜂群强了，花也快谢了。这不但不能多收油菜蜜，相反成了“喂糖大户”。事实说明，养蜂也要解放思想，改革一些约束生产力发展的传统老习惯，以适应新的形势需要。近年来，在一些高产蜂场的示范和带领下，“早发蜂得不偿失”的传统观念逐渐消除了，提早春繁的做法越来越普及。目前，浙江地区的蜂场大多在小寒以前开繁，比过去提早了20来天。经过多年的实践，证明适时提早春繁是完全正确的。其好处有二：一是蜂群繁殖与油菜花期相同步，赶上了季节，多收了油菜蜜；二是由于提早繁殖，提前养成了强群，提前生产了蜂王浆，延长了产浆期，增加了蜂王浆产量。

然而，提早春繁，相应的饲养管理措施必须跟上。因为小寒前后是全年最冷的季节，春繁是在气候十分恶劣的情况下进行的。所以，措施要得力，管理要精细。

一、群势要强

提早春繁是在气候异常寒冷的情况下进行的，必须以强群为基础。强群蜂多密集，自身热量大，保温、散热能力强，即使遇到恶劣气候，也有较强抗御能力，可以避免或减少损失。

目前，春繁方法大体有两种：一种是蜂多于脾，多脾繁殖，一般是 5 框左右蜂放 4 张脾；另一种是把 5 框蜂抖落，只放 1 张脾(隔板外放 1 张粉蜜脾)，即单脾开繁，这样能使蜜蜂高度密集。其好处：一是蜜蜂高度密集，自身热量大，护脾蜂多，即使寒潮侵入，温度降到－7℃～－8℃，也不会冻坏子脾。这就避免了多脾繁蜂的缺陷(寒潮一到，蜜蜂缩紧，边脾子冻坏，气温回升后，子面又扩大，再次寒潮时又冻坏)。二是有利于延长蜜蜂寿命。经过越冬的老蜂个体瘦弱，体内蛋白质含量减少，哺育力降低，1 只老蜂只能哺育 1～2 只新蜂。如果子脾过多，哺育负担过重，致使幼虫哺浆不足而发育不良，又会使老蜂提前衰老，寿命缩短，往往出现蜂群春衰。蜜蜂高度密集，哺育负担减轻，有利于延长老蜂寿命，避免出现春衰。三是单脾开繁虽然只有 1 张脾，但卵面大，将蜂王限制在 1 张巢脾上产卵，迫使蜂王产卵到边到角，这种见方子脾 1 张，一般可育出 2 框蜂。四是新蜂质量好。第一代子是至关重要的当家蜂，由于蜂多子少，哺育力足，先天发育好，寿命长。

单脾开繁，应在脾的中间幼虫开始封盖时加第二张脾，以后一般 7 天左右加 1 张脾。此时加的脾，上圈应灌满粉蜜，使蜂群有充足的营养。待到气温回升，外界已有零星蜜源，新老蜂已经交替时，则要加速加脾，一般 4 天左右加 1 张脾。即使刮风下雨也要加进去，此时少加 1 张脾，就少了 1 框蜂。所以，不可失去时机。当巢箱加脾到 7 张左右时，应暂停加脾，以扩大子面，增加蜂量。

二、饲料要优

春繁前期气候恶劣，外界无粉蜜源，全靠人工饲喂，若饲料不足或者质量不好，就会严重影响春繁速度和新蜂质量。糖是蜜蜂的能量来源，蜜蜂活动全靠食入的糖转化为热量。巢内缺糖，就像人没有吃饱饭，就会没有力气。所以，糖要足，要喂到角糖塞足起蜡。同时，糖的质量要好，不宜用茶花蜜、饴糖等做饲料糖。春繁前期应用优质蜂蜜做奖饲，以利于消化和减少体力消耗。花粉是蜜蜂蛋白质的来源，而蛋白质是构成蜜蜂机体的基础物质。花粉不足，也就是蛋白质不足，会使蜜蜂发育不全，寿命不长。同时，饲喂的花粉质量要好，不能用已失去大部分营养价值的陈年花粉饲喂蜜蜂。

为蜂群提供充足而全面的蛋白质、能量营养的同时，水的供应也十分重要，因为水是蜂群繁殖不可缺少的物质。尤其是春繁前期气候寒冷，如果巢内缺水，工蜂就会冒寒外出采水，往往由于天冷水冷，蜜蜂体力不支而冻僵在巢外。巢内无水，工蜂还会采集污沟水，容易带来病原菌，发生蜂病。由此可见，巢内喂水十分重要。喂水的方法较多，以巢内用瓶喂水为好。可用小型可乐瓶或盐水瓶 1 只，盛满有微量食盐的清洁水，用棉条将水引出瓶口，放在巢箱一角，让蜜蜂自由吸吮。这种喂水方法的好处有：①巢内有水，蜜蜂不用冒寒外出采水，减少冻僵蜂的损失。②喂的水清洁新鲜，避免采进污水，带来病原菌。③水中有微量的盐，有利于蜜蜂的生长发育与健康。④节约了采水劳力，有利于延长蜜蜂寿命。⑤用瓶喂水，蜜蜂不会淹死，可减少蜜蜂损失。⑥与饲槽喂水相比，可减少巢内空间，有利于保温。当气温回升，群势增强时，可将瓶子提出，横放于巢门口，将瓶口棉条拉出延伸到巢内（下垫塑料薄膜）进行饲喂。

三、保温要好

提早春繁，蜂群处在全年最寒冷时期，此时常常寒风凛冽，雨雪交加。如果保温不好，冷风侵入，巢温降低，就会严重影响蜂群的繁殖速度。因此，务必充分做好保温工作。可采取箱底垫上塑料薄膜和干草；箱与箱之间用干草塞实，不留空隙；箱缝用纸糊严，不使冷气侵入；夜间套上塑料薄膜等措施。要根据蜂群强弱情况进行箱内保温。在做好保温的同时，也要注意散热。早春气温的变化是“冷—暖—冷”，呈驼峰形。晴天中午转暖，温度升高到10℃以上时，要放大巢门。夜间气温在5℃左右时塑料薄膜只拉下一半，7℃以上时不宜拉下，以防闷热。闷热的蜂群，寿命缩短，提早死亡，同样会造成重大损失。春繁前期为了有利于保温，减少巢内空间，可把副盖去掉，框架上横放2根小木条（便于蜜蜂往来），然后盖上与副盖同样大小的小棉被，饲槽放在巢箱隔板外，饲喂时只需掀起小被的一角，避免热量的流失。

四、平箱产浆

由于传统习惯的制约，多数蜂场要到蜂群完全复壮之后才上高箱，其实这样已部分错过了产浆的黄金时间。因为早春蜂群全部是新蜂，适龄泌浆蜂多，吐浆积极性高，加上外界已有粉蜜采集，蜂群营养充足。当蜂群发展到6～7框时，就可用平箱产浆。早春温度低，平箱产浆空间小，保温好，蜂密集。所以，不失时机地利用平箱产浆，是提高蜂王浆产量的一项有效措施。

第二节　利用茶花蜜源，延长产浆期

过去，浙江一带的蜂场通常以棉花作为最后一个蜜源，但是由于棉花喷施过农药危害大。所以，一般 8 月下旬就不得不停止生产蜂王浆。现在，由于充分利用了茶花粉蜜源，蜂王浆生产期可延长到 11 月中旬前后。

茶树和油茶树，同属山茶科，都是很好的粉蜜源。茶树花期长，以浙东地区为例，一般 10 月初开花到 12 月初结束，长达 2 个月左右；茶花流蜜涌，一个强群可收蜜 7～10 千克；花粉多，而且质量好，所含营养成分丰富，生物学活性高。一个强群可收茶花粉 5～8 千克。茶花期由于采到的粉蜜多，蜂群情绪高，工蜂采集积极，蜂王产卵多，可为蜂群秋繁奠定良好的基础。利用茶花蜜源，可延长产浆时间 1.5 个月，每个继箱群可增收蜂王浆 0.5～0.75 千克，可以有效地提高蜂场的经济效益。

充分利用茶花蜜源，不但可以提高养蜂户的收入，还可以提高茶籽的产量和出油率。特别是油茶，具有自花不孕性，虽然树大花多，但结果很少，故有“千花一果”之称。全国种植油茶面积约 26.7 万公顷(400 万亩)，平均每 667 平方米产量仅为 3.5 千克。通过蜜蜂授粉，不但果大粒多，出油率提高，而且落果也减少，一般比自然授粉提高结果率 2 倍左右。

全国许多蜂场每年一到深秋，由于花源稀少，约有 70％的蜂群无蜜可采，不得不用白糖喂蜂。如能充分利用我国亚热带得天独厚的油茶和茶树蜜源，可增产数亿元，经济效益极为可观。

由于受传统观念的约束，采茶花蜜要烂子的观念在我国养蜂界根深蒂固。认为采了茶花蜜，子脾烂掉，哺育蜂寿命缩短，越冬蜂不足，得不偿失。因此，前些年，即使在山区放蜂的蜂场，一见茶花开花，就急忙把蜂场搬离茶区。

随着科学技术的不断发展，茶花烂子的奥秘逐步为人们所揭开。其实，茶花蜜粉都无毒性，无论是动物、昆虫，还是人吃了均无中毒症状。蜜蜂幼虫取食茶花蜜粉所以要烂子，其真正的原因在于茶树花蜜和油茶花蜜中含有较高浓度的生物碱K和半乳糖等不易消化物质。这些不易消化物质的含量，因树种、土壤、气候等条件不同而有所差异。蜜蜂幼虫食后不易消化，后肠阻塞，造成营养不良而死亡。细心的养蜂者，在茶花旺期仔细观察，可以发现幼虫腐烂的过程是：当蜂王产下卵孵化后的头3天，幼虫发育良好，虫体白嫩、油润，但到第六至第八天，部分或大部分幼虫颜色由白转黄，以后为褐色，最后变为黑色。虫体变软无弹性，而后开始腐烂。查看封盖后的子脾，可见到部分或大部分蜡盖陷落凹进，这是封盖房内蜂蛹腐烂的表现。从烂子的过程可以说明，幼虫孵化后的头3天，因为吃的是蜂王浆而不是蜂粮，所以，虫体生长良好。幼虫孵化的第四天起，工蜂对幼虫停止了蜂王浆的饲喂，改喂由茶花蜜粉制成的蜂粮，幼虫食后由于阻碍消化、营养不良而死亡，即呈现所谓的“茶花烂子”现象。烂子的程度与采集的茶花蜜的浓度与纯度有关。在有茶花又有草花、树花的蜜源场地，所采的蜂蜜因混有多种花蜜，茶花蜜含量低或者雨后放晴湿度大时，采来的花蜜浓度低，烂子就轻；反之，在单一茶区所采的蜂蜜，因纯度高或晴天干燥天气所采的蜂蜜浓度高，幼虫食后烂子就重。

如何防治茶花烂子？根据浙江地区的经验，可采取以下措施。

一、放蜂场地应有多种蜜粉源

实践证明，凡在单一茶花区放蜂的蜂群，由于所采集的花蜜含不易消化物质多。因此，烂子严重。在有多种花源地方放蜂的蜂群，由于工蜂同时采集了其它蜜源的花蜜，降低了茶花蜜含量，也就减少了不易消化物质的含量。因此，烂子就轻，甚至不烂子。这样，既采到了茶花花粉，又利用了其它蜜源。因此，在选择秋季放蜂场地时，应选择以茶花为主又有草花、树花的地方。

二、掌握规律，科学防治

要有效地防治茶花烂子，应掌握茶花流蜜与烂子的规律。研究发现，蜜蜂烂子程度与茶花蜜腺里的蜜汁浓度呈正相关，与茶花蜜腺里的蜜汁数量呈负相关。以浙江省嵊州市为例，茶树始花期 10 月 3～20 日的一段时间里，虽然茶花开得很多，但蜜的甜度差，工蜂采蜜少而采粉多。所以，一般少烂子。10 月 20 日至 11 月上旬，此时进入盛花期，流蜜涌，甜度高，蜜蜂采集重点由采粉转到采蜜，巢内蜂蜜数量多，这段时间若防治不力，就会出现烂子高峰。所以，在这段时间的前期就要重点防治。11 月上旬以后，时有冷空气南下，雨天较多，气温下降，蜜蜂采蜜时间减少，花蜜浓度降低，尤其是下霜以后，基本上不会烂子。但也有特殊情况，通常在冷空气南下前，有 3～4 天晴暖天气，如果此时突然温度上升到 20℃以上，茶花流蜜会突然变涌，甜度提高，工蜂采集积极，巢内进蜜多，又会出现严重烂子情况。掌握了上述基本规律就可以进行有针对性地防治。主要的防治方法有以下 3 种。

（一）中和法

蜜蜂采茶花蜜时，饲喂酸饲料。酸饲料可以中和花蜜中的生物碱，又能促进蜜蜂的消化。酸饲料的配比：每 100 千克白砂糖加 100 升水，再加米醋（或柠檬酸）2～3 千克。

（二）冲淡法

在茶花旺开的大流蜜期，大剂量地饲喂饲料，以冲淡茶花蜜浓度，减少不易消化物质。原则是进蜜越多，饲喂越多。1 个 12 框的继箱群，每昼夜分 2 次喂 1～1.5 千克饲料。

（三）促消化法

可用大黄苏打片，每个继箱群，每夜喂 2 片，用水化开，混合在糖液中。一般喂酸饲料 3 天，然后喂消化药 1 天。由于此时进蜜涌且饲喂糖液多，因此，要及时摇出蜜脾内的蜂蜜，尽量减少茶花蜜在巢内的贮存量。

三、分区管理

分区管理，就是把原有的蜂群分成繁殖区和生产区。用人为的方法抑制茶花蜜进入繁殖区，在繁殖区内进行人工饲喂饲料糖，使繁殖区内的幼虫不腐烂。

（一）继箱群分区

用大隔板将巢箱一隔为二，即形成蜜蜂不往来的 2 个区。一般是左边为繁殖区，右边为生产区。巢箱与继箱之间，放置隔王板，不让蜂王爬上继箱。将粉蜜脾和空脾连带蜂王提到繁殖区，其余蜂脾放在生产区和继箱右侧，王浆框插在继箱上。繁殖区框梁上覆盖 1 块毛巾，在靠近生产区一边的毛巾要折起一角，使少量蜜蜂往来。人工饲喂糖液时，将糖液浇在毛巾上，以使繁殖区的蜜蜂吸食饲喂的糖液而不食茶花蜜。巢门开在生产区，使工蜂采来的茶花蜜贮存于生产区。

（二）平箱群分区

用大隔板将蜂群隔成蜜蜂不能往来的 2 个区。然后把粉蜜脾和空脾连蜂带王提到繁殖区，其余巢脾放在生产区。巢门开在生产区，但在大隔板与副盖之间，开 1 个 10 厘米长、0.5 厘米深的缺口，使少量工蜂可以往来。在繁殖区框梁上覆盖 1 块毛巾，在靠近缺口处将毛巾折起一角，使少量工蜂可以往来。每晚在毛巾上浇糖液饲喂。分区以后，繁殖区蜂王产卵受到限制。因此，检查时要将生产区新蜂出房后的空脾及时调给繁殖区，将繁殖区的封盖子脾放到生产区。

四、关王停产，避开烂子期

在茶花流蜜期到来之前，用王笼幽闭蜂王，人为地给蜂群断子，使巢内无子可烂，避开烂子期。关王断子后，由于蜂王得到一段时间的休养生息，恢复了体力，放王后，产卵积极性会相对提高。因此，对群势不会有太大的影响。正由于关王停产，巢内无哺育幼虫负担，出勤蜂数量相对增加，粉蜜收获量相应提高。又由于巢内无子哺育，哺育蜂体内蛋白质消耗少，延长了寿命。

第六章　科学管理是优质高产的保证

用科学方法管理蜂群，是饲养强群、提高蜂王浆产量的重要环节。高产蜂场之所以高产，其中一个重要原因，就是有一套行之有效的科学管理方法。事实证明，蜂群饲养管理方法是否科学，直接关系到蜂群的兴衰，产量的高低，收入的多少，乃至养蜂的成败。

要进行科学的管理，首先应了解蜂王浆生产的基本条件和方法，掌握蜂王浆优质高产的原理和要点。同时，掌握饲养管理中的细节，提高操作水平。此外，蜂产品质量安全是国内外越来越关注的课题，蜂王浆的生产必须严格遵守国家有关部门制定的技术规范(详见附录 1)，生产的蜂王浆应符合无公害食品要求(详见附录 2)。

第一节　蜂王浆生产的基本条件和方法

一、蜂王浆生产的基本条件

生产蜂王浆应具备以下几个基本条件。

(一)强壮的群势

强群哺育蜂多，能够大量分泌蜂王浆。蜂群一般要求在 8 框足蜂以上，群内蜂龄协调，子脾齐全、健康。

(二)充足的饲料

生产蜂王浆需要丰富的蜜粉源，特别是粉源必须充足。如果短时间缺少粉源，需要人工补充饲喂，并坚持奖励饲喂蜜汁或糖浆。

(三)适宜的温度

气温要求在15℃以上。在气温高于35℃,相对湿度80%以上时,对产浆不利。

(四)必备的工具

包括移虫器具、人工台基、产浆框、取浆器械等。

(五)熟练的技术

养蜂员要熟练掌握蜂王浆生产的操作技术。

(六)科学的管理

能为蜂群产浆期提供科学的饲养管理。

二、蜂王浆的生产方法

蜂王浆的生产方法,与人工育王基本相似。当王台内蜂王浆堆积最丰富时,挑去幼虫,便可采收。蜂王浆生产是通过以下多道程序来实现的。

(一)组织产浆群

蜂群经过新老蜂的更换,新蜂不断增多,群势日益增强;外界气温日趋升高并趋于稳定;蜜粉源相继开花,蜜蜂饲料充足,已具备生产蜂王浆的条件。在检查蜂群时,用隔王板将继箱与巢箱隔开,蜂王放在巢箱里产卵,为繁殖区。继箱里无王为产浆区。把即将出房的封盖子脾和空脾从继箱调入巢箱,两侧放蜜粉脾。继箱里留2框蜜粉脾,1～2框封盖子脾,1～2框大幼虫脾放在中部浆框两侧,即可生产蜂王浆。

(二)适龄幼虫的准备

为了保持产浆群的强壮,稳定持续地生产蜂王浆,减少移虫的麻烦,提高移虫效率,必须组织幼虫供应群。幼虫供应群可以是单王群,也可用双王群。采用蜂王产卵控制器易取得适龄幼虫。即在移虫前 4～5 天，将蜂王和适宜产卵的空脾放入蜂王产卵控制器中，工蜂可以自由出入，蜂王被限制在空脾上产卵 2～3 天，定时取用适龄幼虫和补加空脾。

（三）王浆框的安装

采用蜡杯台基尚需蘸制蜡碗、粘台、修台、补台或换台等工序。20 世纪 80 年代后广泛采用的塑料台基条，可用细铅丝绑或万能胶粘，固定在王浆框的木条上，根据群势每框安装 3～10 条。在移虫前，将安好台基条的王浆框放进蜂巢中，让蜜蜂清理 24 小时以上。

（四）移　虫

从蜂巢取出清扫好的王浆框，可先用排笔往台基里刷些蜜或王浆；从供虫群提出供虫脾，用弹簧移虫针针端顺巢房壁直接插入幼虫体底部，连同浆液提出，再把移虫针伸到台基底部，轻压弹性推杆，便可连浆带虫推入台基底部。依次将幼虫移入台基。移好虫的王浆框，尽快放入产浆群继箱的 2 个幼虫脾之间。第一次移虫接受率不会很高，经 2～3 小时后再补移 1 次幼虫。移虫前一晚上给蜂群奖饲糖浆是提高王台接受率的关键。

（五）取　浆

取浆前把取浆场所打扫干净，取浆用具和贮浆器具用 75％酒精消毒。移虫后 68～72 小时即可取浆。取浆过程一般要经过提框、割台、夹虫和挖浆 4 个步骤。从蜂群中取出王浆框，轻轻抖落工蜂，再用蜂帚扫落剩余的工蜂，把王台条取下或翻转成 90°，用锋利的割蜜刀顺台基口由下向上削去加高部分的蜂蜡，逐一轻轻钳出幼虫，注意不要钳破幼虫，也不要漏掉幼虫，然后用竹片或刮浆片取浆。在有条件的地方，用真空泵吸浆器取浆。取浆后的浆框，若台基内壁有较多赘蜡，先用刮刀旋刮干净后，随即移虫再放回产浆群。

（六）过　滤

有条件的蜂场，用100～120目的尼龙网袋过滤蜂王浆，将蜂王浆中的蜡渣等杂质过滤后分装。

（七）冷　藏

过滤分装的蜂王浆及时在-18℃以下的低温中冷藏。一般从采浆到过滤分装冷藏不应超过4个小时，以减少蜂王浆中活性物质的损失。无冷藏条件的养蜂者，采浆后不过滤，保持蜂王浆的原状，及时送交收购单位。收购单位可先过滤后冷藏。

蜂王浆生产的一个流程到取浆完毕就告结束了，历时2～3天。但是蜂王浆生产并没有结束，前一批生产的结束，就是后一批生产的开始，两批之间应衔接紧密。在蜜源好、蜂群强、劳力多和框产量高的情况下，也可缩短每批生产流程时间，改为移虫后48～56小时取浆。

第二节　蜂群科学饲养管理的要点

一、符合蜜蜂生物学特性

蜜蜂和其它生物一样，都有自己的生物学特性。了解和掌握蜂群的生物学特性，是养好蜜蜂的基础。几乎所有养蜂技术的发明和提高，都是伴随着对蜂群生物学特性的研究进展而实现的。例如，隔王板的发明是基于对三型蜂个体大小的了解；活框饲养技术是基于对蜂巢的构造及造脾基本规律的认识；人工分蜂技术是基于对蜂群培育蜂王内外因素的了解；人工巢础的发明、信息素的应用、蜜蜂授粉的训练以及蜜蜂饲养管理的一系列措施，都与蜂群生物学特性密不可分。因此，要养好蜜蜂，必须首先了解和掌握蜂群的生物学特性，然后根据蜜蜂生物学原理因势利导，进行科学管理，达到优质高产的目的。

以温度为例，蜂群对温度十分敏感，也十分重要。蜜蜂体温降到14℃以下时，就开始麻木，活动滞缓；降到8℃以下时，蜂体由麻木转为僵硬。越冬期间蜜蜂依靠吃蜜和密集团聚，使蜂团内部温度保持14℃～25℃。当温度降到8℃以下时，蜂团就更加密集，以减少热量的流失，保持中心温度；当中心温度高于25℃时，蜂团又向四周散开，因而温度又会下降。蜂群用结团、散团来调节温度，适应生理上的需要，从而度过越冬期。然而，繁殖群的温度则要适应繁殖的需要，巢温必须保持在34℃～35℃。若低于这个必需温度，蜜蜂必须依靠吃糖、摆尾来增加热量，提高巢温；若高于这个必需温度，则用振翅扇风来降低巢温。因此，养蜂者掌握了蜂群不同阶段所需温度的规律，就可以调控巢温，以适应蜂群的需要。如越冬期，把巢温控制在5℃～－2℃，促使蜂群安静结团，处于半休眠状态，可以大大减少活动，节约了体力，有利于延长寿命，同时还可以减少饲料的消耗。反之，巢温过高，蜂群散团，活动增加，既白白消耗了体力，又较多地消耗了饲料，还增加了蜜蜂飞出冻僵的损失。有些初学养蜂者，不管外界气温如何，就担心蜂群受冻，因而在箱内填满了保暖物，还在箱外围了稻草，自认为这样保暖，蜂群不会冻坏。但由于保暖过度，大批工蜂头尾发黑，加速老化，提前死亡，群势迅速下降，到春繁时越冬蜂死了一大半。造成越冬失败的原因是保温过度，违背了蜂群的生物学特性。

二、勤管细管

养蜂生产与工业生产不同，它受自然条件的限制，常有大雪、寒潮、高温、暴雨等，给养蜂生产带来诸多不利因素，尤其是遇到灾害性天气会给蜂群造成重大损失。因此，要在管理上下功夫，用勤管细管来克服这些不利因素的影响，避免和减少损失。调查证实，凡管理不善，工作粗放的蜂场，大多群势不强，产量不高，收入不丰。

（一）勤　管

养蜂生产中的有些工作是可做也可不做的。如越冬和早春，由于气候寒冷，常常处在临界温度，此时蜜蜂受光照刺激而飞出冻僵，蜂场周围会有不少冻僵蜂。这些蜜蜂并非真死，只是冻僵而已。勤劳的养蜂员，会把这些冻僵蜂收集起来，放入强群中，大多冻僵蜂可以起死回生，这样就减少了冻僵蜂的损失。然而，有些疏于管理的养蜂员，听其自然，这些冻僵蜂就成了死蜂，这显然不利于蜂群的越冬和繁殖。某地有 2 个蜂场，越冬期间，遇到长期阴雨，雨后大雪，雪后寒潮的灾害性天气。1 个勤于管理的蜂场，及时扫除积雪，打深排水沟，降低地下水位，保持了箱底干燥，缩小了巢门，并用油毛毡做巢门挡光板，避免了光照的刺激，减少了飞出冻僵蜂。虽然遇到了灾害性天气，由于勤于管理，克服了不利因素的影响，有效地减少了损失。而另 1 个蜂场，疏于管理，蜂场积雪厚，受雪光刺激，飞出的冻僵蜂满地。雪融化后，地下水位增高，箱底浸湿，箱内湿度大，导致蜜蜂下痢，死蜂累累，蜂群群势严重下降，到春繁时，40 箱蜂只好合并成 20 箱。

（二）细　管

所谓管理要细，就是要把各项管理工作做到家，不但在主要环节上，而且在细节上的管理措施也要符合蜂群的生物学特性。例如，在蜂群春繁的包装上，有些蜂场强弱群混合包装。夜间拉下塑料薄膜后，小气候温度升高，这对于巢内蜂量少、空间大、自然热量不足的弱群是很有利的；但对于蜂量多、自身热量大的强群，巢温升高，超出了蜂群所需温度，增加了饲料消耗，缩短了蜂群寿命。若能强弱群分开包装，就能解决这一矛盾，对强弱群都有利。有的蜂场夜间覆盖塑料薄膜时，不能根据气候的变化，无论温度高低，要么不拉，要么全部拉下，使得蜂群保温要么不足，要么过度。

三、措施科学

所谓科学地饲养蜂群，就是养蜂员在饲养管理上所做的工作、所采取的各项措施要符合蜜蜂的生物学特性，而不能有悖。实践证明，符合科学的蜂群管理，蜂群就强盛；反之，违背科学的蜂群管理，蜂群就衰弱。所以，要达到蜂群强盛、蜂王浆高产的目的，就要有一套科学的饲养管理方法。一个成功的养蜂者，在饲养管理上不但讲究精细，更要讲究科学。例如，蜂群治螨，目前不少蜂场用增加蜂药剂量，来提高对蜂螨的杀伤力。从表面看确实提高了治螨效果，但往往造成蜜蜂慢性中毒而缩短了寿命。问题就出在缺乏科学用药上，没有根据蜂群强弱、气温高低等不同情况，以框定量用药，违反了科学的规律，从而造成了重大损失。因此，只有用科学的方法饲养管理蜂群，才能养好蜂，才能获得蜂产品的优质高产。

第三节　提高产浆操作水平

目前，我国养蜂从专业程度上有专业养蜂和业余养蜂之分，从放蜂场地上有定地养蜂和转地养蜂之分。从满足蜂群生产蜂王浆对蜜粉源条件的要求和增加蜂王浆产量出发，蜂不离花非常重要；而从便于产浆操作和程序安排出发，又以定地饲养最为方便。长年定地饲养，往往会出现短期的断蜜期甚至断粉期，断蜜期和断粉期虽然可以通过人工饲喂糖浆和天然花粉或人工花粉维持蜂王浆生产，但蜂王浆产量总没有自然蜜粉源时高，而且饲料成本增加，管理工作麻烦，又容易发生盗蜂等。因此，在蜜粉断绝期可把蜂群转地到其它有蜜源的地方去。所以，从提高蜂王浆优质高产的综合措施考虑，实行以定地为主结合转地的饲养方式是最理想的。

懂得蜂王浆生产的条件、蜂王浆优质高产的原理和要点非常重要，但同时，掌握饲养管理中的细节，提高操作水平也同样重要。

一、适时调整产浆群

王浆生产群内，王浆框边放的大幼虫脾，会很快封盖，封盖子也要陆续出房，群内布局不断发生变化。所以，一般每生产 1～2 批蜂王浆，就要调整 1 次巢脾。把正在或将要出房的封盖子和巢箱里的大幼虫脾进行调换，万一群势下降，还要及时撤出多余的巢脾，保持蜂脾相称或蜂多于脾的状态。贮蜜存粉不足时要饲喂，王浆框边的蜜脾封盖要割开。

二、因群制宜量蜂定台

每群蜂的王台数量，要根据季节、花期、群势和蜂王等具体情况而定。在不利于蜂王浆生产的季节、花期及群势较弱的新王群中，王台数量可少些。相反，在花粉丰富的大流蜜期，每框蜂王浆产量达到 60 克以上时，也可加双框生产。如果王浆框产量降到 60 克以下，就应该恢复单框生产。若群产浆量降至 20 克以下，有的王台提早封盖或工蜂幼虫干瘪，就应停止生产蜂王浆。否则，会影响工蜂幼虫的健康发育。在蜂群壮、劳力多、蜜源好、框产量高的情况下，也可采取缩短整个生产流程的时间，改成相隔 48 小时取浆。

蜂王浆的群产量随接受台数和台浆量的增加而增加。所以，在台浆量不变的情况下，可以用增加接受台数来增加蜂王浆产量。增加接受台数有 2 个方法，一是提高现有台基的接受率，二是增加台基数。在单框生产时，原有 4 条或 3 条的可以增加到 5 条。在增加到 5 条还觉得不够时，可用加 2 个或 3 个产浆框生产，每个产浆框也可以由 3～5 条台基条构成。群势强，泌浆蜂多，可采用双框或三框生产（图 1），能明显提高王浆产量。总之，要因群制宜，量蜂定台，充分挖掘蜂群的泌浆潜力。

三、加强产浆群的管理

要提高蜂王浆产量，必须加强产浆群的管理。具体的管理工作有：补虫工作是提高每框蜂王浆产量的重要措施之一，移虫后 2～3 小时就要提出王浆框进行检查，对没接受的台基进行补移幼虫，给没有幼虫的新台基中洒些清水，有降低巢内温度和增加湿度的明显效果，可提高接受率和蜂王浆的产量。往群内插浆框时，注意不要让台基口偏向两侧，保持垂直向下。

四、整框清杯

经过使用的老塑料台基，虽然接受率较好，但是生产 6～7 批后，浆垢增多，继续使用易影响蜂王浆的质量，必须把台

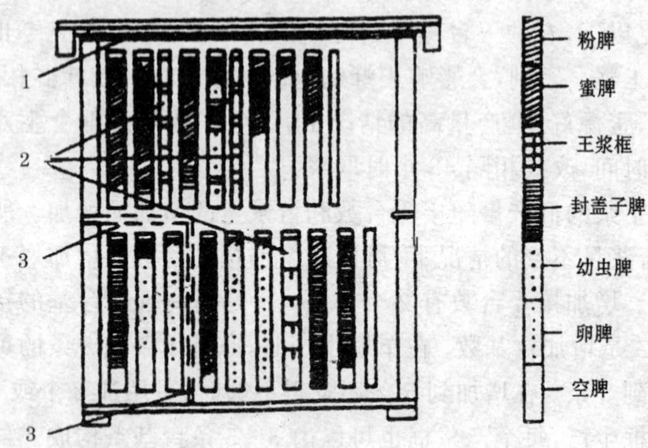

图 1　多框产浆蜂巢布置示意图

1. 副盖　2. 王浆框　3. 组合隔王板

基中的浆垢用薄铁片清除。贮蜜存粉不足时，要及时补助饲喂，每次取浆前一天晚上，要进行奖饲。王浆框旁边的蜜脾若已封盖，不需工蜂照料，会影响王浆框上哺育蜂的密度，要及时调整给未封盖的蜜脾，使死巢房变成活巢房，便于蜜蜂爬行栖附。分离蜂蜜时，应留下一定数量的食料。摇蜜的时间安排，要照顾到蜂王浆的产量。实践证明，在移虫后的次日或挖浆后取蜜，比较有利。平时要做好调温、调湿工作，副盖上的保温垫，要长年不离。气温低时还要缩小巢门，进行适当保温；气温达到 28℃以上，天晴干燥时，每天中午前后，要向保温垫上洒几次水或把保温垫浸湿后再盖上。

总之，蜂王浆的生产环节事无巨细，管理上都要做到更勤、更细、更科学。

第四节　病虫害的防治

蜂群健康强壮是蜂王浆优质高产的基础。所谓强，即有众多的蜜蜂；所谓壮就是蜂群健康。蜂群的兴衰受诸多因素影响，如蜜源、气候、蜂种、病虫害以及饲养技术等，这些因素互相制约，互为因果，密切相关。防治蜜蜂病虫害，保护蜂群健康，是蜂王浆优质高产的关键所在。因为蜂群一旦患病，轻则体质削弱，采集力下降，寿命缩短；重则蜜蜂大量死亡，群势急剧下降，蜂王浆的优质高产也就无从谈起。

随着社会经济和生活水平的不断提高，消费者的食品安全意识日益增强，食品安全成为备受关注的焦点问题和各国食品供求与消费的主调。蜂王浆的安全问题也不例外，而蜂王浆的安全关键在于药物残留的控制。所以，必须严格执行农业部颁布的《蜜蜂病虫害综合防治规范》(见附录 3)，通过加强营养、保温、通风、降湿等管理手段来减少病虫害的发生，不能有病没病都加药防治。如果一旦病虫害发生，到非用药治疗不可时，必须做到绝不使用农业部颁布的《食品动物禁用的兽药及其它化合物清单》(见附录 4)中禁用的兽药及其它化合物。对于允许使用的药物，不但要做到采蜜期不使用，而且还要做到临近采蜜期的 6 周内不用药。最好将药物加在花粉中喂，不加在糖浆中喂，以避免未吃完的含药糖浆，在大流蜜时被搬上继箱，而污染蜂产品，导致残留超标。如果一定要将药物加在糖浆中喂给，那么第一次打下的蜜必须留做饲料蜜，不可混入商品蜜中。另外，蜂场应做好蜂病防治用药记录，既便于自己对蜂病防治用药的控制，也有利于蜂产品安全的监督。

蜜蜂病虫害的种类很多，就其传染性来分，可分为传染性病害、非传染性病害和敌害。就传染性病虫害而言，依据病原生物种类，又可分为病毒病、螺原体病、细菌病、真菌病、原生动物病、寄生螨和寄生虫病。病毒病主要有危害幼虫的囊状幼虫病、危害成年蜂的麻痹病和其它病毒病以及危害蜜蜂蛹的蜂蛹病；蜜蜂螺原体病；细菌病有美洲幼虫病、欧洲幼虫病、副伤寒病和败血病；真菌病有白垩病、黄曲霉病等；原生动物病有蜜蜂孢子虫病和阿米巴病；寄生螨有雅氏瓦螨即大蜂螨、亮热厉螨即小蜂螨和其它螨类；寄生虫有蜂麻蝇、驼背蝇、圆头蝇、蜂虱、芫菁和线虫。蜜蜂的敌害有蜡螟、胡蜂及其它昆虫类，两栖类和蜘蛛类，鸟类和兽类敌害。

蜜蜂的敌害及蜂螨的防治方法，已在前面的章节中做了介绍。本章重点介绍美洲幼虫病、欧洲幼虫病、白垩病、孢子虫病、麻痹病、副伤寒病等传染性疾病的病原、发病与传播规律、症状与诊断方法、防治方法，以及非传染性疾病中的生理性病害和农药中毒的诊断与防治。

一、传染性疾病的防治

（一）美洲幼虫病

美洲幼虫病是蜜蜂的一种严重传染病，因其最先在美洲大陆的西方蜜蜂中发现而得名。患病蜂群的幼虫（包括工蜂和雄蜂的幼虫）在化蛹期大量死亡，造成蜂群衰弱以至覆没。美洲幼虫病在世界各地均有发生，以亚热带和温带地区较为常见。

【病　原】　美洲幼虫病的病原是幼虫芽胞杆菌。这是1种长2～5微米，宽0.5～0.8微米，两端截平的杆菌。革兰氏染色阳性，周生鞭毛，能运动。涂片观察，在显微镜视野中可见菌体呈长链状排列。能生成芽胞，芽胞呈椭圆形。在虫尸涂片中，往往只能看到芽胞。

【发生与传播】 美洲幼虫病的暴发没有季节性，只要蜂群中有幼虫存在，都有可能发病。幼虫芽胞杆菌的芽胞可能由巢内的哺育工蜂传染给幼虫，正在孵化的幼虫也可能由于巢房内原先存在的芽胞感染发病。蜂群之间的传播是由盗蜂或迷巢蜂引起的。蜡螟和大、小蜂螨等在传播美洲幼虫病方面起着很大作用。

在蜂场工作中，不注意卫生防疫工作，随意将病蜂和病脾调给健康蜂群，饲喂被病原菌污染的蜂蜜，使用污染的蜂具等，都会使美洲幼虫病得以蔓延。

在蜜源流蜜盛期，患美洲幼虫病的蜂群可能得到康复，这是由于大量的花蜜稀释了幼虫芽胞杆菌芽胞的浓度，而使易感的幼龄幼虫通过食物感染芽胞的机会减少了，充足的花粉也能增强幼龄幼虫的抗病能力。

【症状与诊断】 幼虫芽胞杆菌的芽胞感染蜜蜂幼虫后，即长成繁殖体大量繁殖，蜜蜂幼虫在化蛹后死亡，大部分受染幼虫死于预蛹期，有的也死于蛹期。死亡幼虫的头部朝向房盖，虫体顺着背部下陷，开始变成棕色，病死幼虫的皮肤变得很薄，容易撕破。幼虫组织腐烂，变成粘稠、深褐色能拉丝的物质。此时若揭开房盖，用 1 根火柴杆插入虫体，再拉出来，可拉出 1 根长 10～15 厘米、褐色、胶体状的细丝，有鱼腥臭味。病死幼虫的尸体大约 1 个月后干枯成一片难以剥落的痂皮，贴在房壁上，以致工蜂清除不了它。

被染病幼虫表现出症状的平均时间是开始孵化后 12.5 天，而在 10～15 天期间均会出现明显的体色变化。患病幼虫的房盖很快变潮湿、下陷，颜色发暗并显油光。此时工蜂开始咬房盖，先咬开1个小洞，最后把房盖全部咬开。干枯的虫尸放在6滴牛乳中，加热到大约74℃，1分钟后牛乳便发生凝固，接着又开始变清，全部凝固的牛乳，可以在15分钟内溶解。这个反应是由于幼虫芽胞杆菌生成芽胞时，释放出的蛋白水解酶引起的。

可靠的诊断需要将症状的观察和实验室检验结合起来。实验室检验包括病理材料涂片的显微镜观察，幼虫芽胞杆菌的分离培养等常规细菌学鉴定工作，还可以用预先制备的幼虫芽胞杆菌特异性抗血清进行各种血清学诊断，包括用荧光抗体方法鉴定或特异噬菌体方法鉴定，这些鉴定工作必须由训练有素的技术人员在设备良好的实验室内进行。

【防治方法】 美洲幼虫病是一种烈性传染病，传播迅速，危害严重，一旦发现患美洲幼虫病的蜂群，立即烧掉，以杜绝其传染。采取换箱换脾、彻底消毒蜂箱和蜂具并结合饲喂药物的措施，对病情较轻的蜂群也可治愈。

1. 换箱换脾　把患病蜂群从原来的位置搬开，在原地放置1个经过严格消毒的蜂箱，箱内放适当数量消毒过的空脾或巢础框，巢门前平铺1张干净纸，再把病蜂逐脾提出，抖在纸上让蜂爬进箱内。换出的病群蜂箱和巢脾另做消毒处理。

2. 药物治疗　使用盐酸土霉素可溶性粉饲喂，每框蜂20毫克(按有效成分计)，与1∶1糖浆适量混匀，隔4～5天1次，连用3次，采蜜前6周停止用药。

(二)欧洲幼虫病

欧洲幼虫病是蜜蜂幼虫的一种恶性传染病，会造成4～5日龄幼虫大量死亡。这种病早先只在西方蜜蜂中流行，现在在东方蜜蜂中也有发生。

【病　原】 欧洲幼虫病是由蜂房链球菌引起的。该菌是1种披针形的球菌，涂片观察时，大多呈单个存在，同时也有成双、链状或花状排列的。直径为0.5～1.1微米。革兰氏染色阳性，但染色特性不稳定，有时可染为革兰氏阴性。无运动性，不形成芽胞，但有时可形成荚膜。

【发生与传播】 当蜜蜂幼虫吞下被蜂房链球菌污染的蜂蜜和蜂粮后，蜂房链球菌即在其中肠内繁殖，患病幼虫可以继续存活并且化蛹。蜂房链球菌随着幼虫的粪便排泄出来残存在巢房里，成为新的传染源。蜂房链球菌多半是由清扫工蜂传播的。蜜蜂幼虫在未封盖的任何时候对蜂房链球菌的感染都是敏感的，但日龄越大易感性越弱。

春天，遇上恶劣的气候，蜜源突然中断，蜂群的增长受阻，蜂子少，群内哺育蜂的数量相对地多，提供给幼虫和幼虫体内细菌的营养物质过剩，这样蜂群感染的蜂房链球菌快速地繁殖。主要蜜源流蜜期一开始，孵化的幼虫突然增加，染上蜂房链球菌的幼虫随之失去充足的营养来源，而且此时群内的幼龄工蜂有可能提前投入采集工作，染病死亡的幼虫得不到及时地清除，从而促成本病的暴发。强群对欧洲幼虫病的抵抗力较强。

【症状与诊断】 发病初期，染病的幼虫由于得不到足够的食物，很快死亡，虫体变松软并腐烂、呈褐色，放出酸臭的气味，但有的可能只有少许臭味或没有臭味。

患病幼虫在腐败之前，在显微镜下可以很容易地用镊子沿着虫体的中线把表皮分开剥去，中肠的内容物留在围食膜中，里面充满灰白色的细菌凝块。健康幼虫的中肠肠壁和其内容物是不容易分离的，而且呈金褐色。蜂群染上欧洲幼虫病后，轻者有3%～5%的幼虫死亡，重者有20%～25%或更多的幼虫死亡。检查蜂群时，可发现“插花子脾”。欧洲幼虫病严重的蜂群，幼虫的腐烂物也像死于美洲幼虫病的幼虫那样拉丝，但是拉得比较短粗并且容易断。

除了对症状的观察分析，最简单的诊断方法是做涂片镜检。将病死幼虫的尸体或死虫体液置于干净的载玻片上，加1滴无菌水后用玻璃棒研磨出混悬液，再加入1滴10%苯胺黑染色液后混匀，以另一载玻片的边缘涂抹成薄片，干燥后，用油镜观察，只要能看到披针形、成群分布的蜂房链球菌，即可确诊为欧洲幼虫病。

【防治方法】 当发病的范围很小、并且病情严重时，烧毁那些严重发病的蜂群，是控制传播的最好办法。

1. *换掉病群蜂王* 蜂群发病初期，用新交尾成功的蜂王将老蜂王换掉，有良好的效果。年青的蜂王产卵快，促使清扫工蜂更加积极地清除病虫，蜂群能迅速恢复。

2. *药物治疗* 使用盐酸土霉素可溶性粉饲喂，每框蜂20毫克（按有效成分计），与1∶1糖浆适量混匀，隔4～5天1次，连用3次，采蜜前6周停止用药。

（三）白垩病

蜜蜂白垩病又名石灰蜂子。多发生于春季或初夏，特别是在阴雨潮湿的环境条件下容易发生。

【病　原】 蜜蜂白垩病的病原菌为蜜蜂子囊球菌。该菌的子实体呈球形，由许多子囊组成，每个子囊中含有8个左右的子囊孢子，子囊孢子的大小约为1.8微米×3微米。子囊孢子的抗逆性非常强，它的感染力至少能保持15年之久。

【发生与传播】 白垩病是通过被污染的幼虫饲料传染的。当蜜蜂幼虫吞进混在饲料中的蜜蜂子囊球菌的孢子后，孢子在肠腔中发芽，并且在肠腔，特别是在后肠末端长出菌丝，菌丝穿过肠壁。等到幼虫出现病征时，蜜蜂子囊球菌的气生菌丝便出现在病虫体表。蜜蜂子囊球菌不在成年蜂中繁殖。

【症状与诊断】 患白垩病的蜜蜂幼虫是在巢房封盖后死亡的。4 日龄幼虫对白垩病的易感性最高。幼虫染病后，虫体即开始肿胀并长出白色的绒毛，充满巢房，体形呈巢房状的六边形，然后皱缩、变硬，房盖常常被工蜂咬开。病虫变为白色的块状是此病的主要特征。死虫体上长出的白毛是蜜蜂子囊球菌长出的气生菌丝，等到长出子实体后，病死幼虫的尸体便带有暗灰色或黑色点状物，有时整个虫尸都变为黑色，虫尸很容易从巢房中取出。

雄蜂幼虫常常比工蜂幼虫更容易感染白垩病，这是由于气候寒冷时，蜂群结团，蜂巢外缘幼虫常常是雄蜂幼虫，护脾的蜜蜂数量不足以维持足够的巢温，而使其容易受染。白垩病严重时，在巢门前能找到块状的干虫尸。

【防治方法】 采用换箱脾并结合药物治疗。将病群内所有的患病幼虫脾和发霉的蜜粉脾全部撤出，另换入清洁的空脾供蜂王产卵。换下来的巢脾经硫磺熏蒸消毒后使用。病蜂群经换箱换脾后，及时地使用制霉菌素饲喂，每框蜂每升50％糖水中加制霉菌素 20 毫克，隔 3 天 1 次，连用 5 次。

（四）孢子虫病

孢子虫病是目前世界上流行最广泛的蜜蜂成虫病，在我国发病率也较高。患病蜜蜂寿命缩短，采集力下降，可造成严重的经济损失。

【病　原】 蜜蜂孢子虫病是由蜜蜂微孢子虫引起的。该孢子呈谷粒状，具有无结构的外壳，在显微镜下观察，有强烈的蓝色折光，孢子体长 4.4～6.4 微米，宽 2.1～3.4 微米。

孢子虫的孢子对不良环境条件的抵抗力很强，它在蜜蜂的尸体里可存活 5 年，在蜂蜜中可存活 10～11 个月，在巢房内能存活 2 年。

【发生与传播】 蜜蜂吞进的孢子虫的孢子能迅速地通过前胃进入中肠，它们一进入中肠，立即射出空心的极丝，通过极丝把营养体引入蜜蜂中肠的上皮细胞，在上皮细胞的细胞质中，营养体增大体积并且增殖，在 6～10 天后，受感染的上皮细胞内就充满了新的孢子虫孢子，随后孢子和受染的细胞一起从肠壁上脱落下来。这些脱落到肠腔中的孢子又可能侵入新的健康细胞内。一个感染严重的病蜂肠道中可含有 3 000 万～6 000 万个孢子虫的孢子。孢子随着病蜂的排泄物排至体外，造成对巢脾、蜂箱以及水源的污染。当健康的青年工蜂进行清扫或采集工作时，就有可能吞进孢子而被感染。

冬末春初，蜂群开始活动，新陈代谢逐渐增强，蜜蜂后肠中的粪便迅速增加，而此时外界气温尚低，蜜蜂还不能大量外出活动，有时会在蜂巢内排泄。因此，这个季节孢子虫传播的机会最多。盗蜂可引起蜂群间孢子虫病的传播，采水工蜂也可能是孢子虫的传播者。

【症状与诊断】 孢子虫病的某些症状常常与成年蜂的其它蜂病，如蜜蜂慢性麻痹病以及饥饿、农药中毒等的表现相混淆，一般都有两翅散开不相连、腹部膨胀、下痢、不能蜇刺等症状。

蜜蜂微孢子虫主要感染成年蜂（包括蜂王）。幼虫和蛹不发病。感染初期的病蜂没有明显的症状，但到后期则出现个体缩小、头尾发黑、下痢等症状，在蜂箱门前可见许多病蜂在地上爬行。

正常的工蜂中肠为淡褐色，有光泽，有明显的环纹和弹性；而患孢子虫病的病蜂中肠变成苍白色，没有光泽，环纹和弹性都已消失。在蜂场可以依据这一病征诊断孢子虫病。在实验室可将病蜂的中肠碎片置于载玻片上，加 1 滴无菌水，用镊子按压制成涂片，在显微镜下观察，如有大量谷粒状、带蓝色折光的孢子虫的孢子，即能确诊。

【防治方法】 对孢子虫病的防治需采取预防为主的综合防治措施。

第一，使蜂群贮有充足的优质越冬饲料和良好的越冬环境，绝对不能用甘露蜜越冬。越冬室的温度保持在 2℃～4℃，并且干燥，通风良好。

第二，早春时节，选择气温在 10℃以上的晴朗天气，让蜂群做排泄飞行。

第三，及时更换老劣蜂王。

第四，对病蜂群的蜂箱、蜂具和巢脾及时进行清洗和消毒，除已介绍的消毒方法外，还可采用 80％冰醋酸熏蒸消毒。冰醋酸有很强的腐蚀性，使用时要注意安全。

第五，每框蜂每千克浓糖浆中加入 0.05～0.1 克柠檬酸或醋酸 0.3～0.4 毫升饲喂；也可用山楂片加 10 倍水煮沸去渣，滤液加等量的白糖混溶后喂蜂，每框蜂每次 0.3～0.4 毫升，隔 4～5 天 1 次，连用 3 次。

（五）麻痹病

蜜蜂麻痹病又称黑蜂病。是一种成年蜂病，一般发生在春、秋两季。

【病　原】 引起蜜蜂麻痹病的是慢性蜜蜂麻痹病毒。

【发生与传播】 在自然条件下病毒粒子可以通过被损伤

了绒毛的甲壳层上的气孔进入蜜蜂体内;很多蜜蜂相互拥挤、摩擦也可以使蜜蜂麻痹病毒通过体外伤口进入蜂体。

蜜蜂麻痹病的发生与季节变化有一定关系。另外,由于自然或人为的因素造成蜜蜂过分拥挤、绒毛脱落都会促成麻痹病暴发。蜂群失王时更容易发生麻痹病。

在麻痹病流行的季节,若蜂场中有个别蜂群患病时,只要经过一次盗蜂之后,就会迅速传遍全场,普遍发病。

【症状与诊断】 蜜蜂麻痹病的症状有两种:一种(Ⅰ型)症状是病蜂翅膀和体躯不正常地抖动,飞不起来,常跌落在地,有时在箱内乱挤成一团;腹部膨胀,翅膀张开并脱落,病蜂在几天内死亡。另一种(Ⅱ型)症状是病蜂腹部不膨大,而是周身的绒毛脱光,身体油光发黑,病蜂的腹部有时反而缩小,它们在巢内常常遭到老龄工蜂的追咬。病蜂飞出箱外后,守卫蜂不允许它们飞回蜂巢,使它们看起来像盗蜂一样。几天后,蜜蜂就开始发抖,不能飞翔,不久便死去。以上两种症状会在同一蜂群中出现,但一般都是其中一种占优势。早春和晚秋,气温较低,蜂群活动少,以Ⅰ型症状为主;夏、秋季节,蜂群活动积极,常以Ⅱ型症状为主。

蜜蜂麻痹病的诊断,目前仍以典型症状为主。当怀疑蜂群患麻痹病时,应仔细观察病蜂的行为,若病蜂后足麻痹,失去平衡,翅膀不停地颤抖,被健康蜂追咬,即可初步诊断为麻痹病。若根据症状难以确诊时,应立即将病蜂标本送至养蜂研究单位检查。

【防治方法】 换王是治疗蜜蜂麻痹病的良好措施。异地引种,避免蜂群长期近亲繁殖是预防蜜蜂麻痹病的有效方法。药物治疗可使用4%酞丁胺粉饲喂,每升50%糖水加12克,每框蜂25毫升,隔天1次,连用5次,采蜜期停止使用。

（六）副伤寒病

常在冬末春初发生，它使成年蜂下痢而死。一旦发生此病，就会严重影响蜂群的安全越冬和春季繁殖。

【病　原】 蜜蜂副伤寒病是由蜜蜂副伤寒杆菌引起的。这是1种长1～2微米、宽0.3～0.5微米、两端钝圆的小杆菌，能运动，但不形成芽胞。革兰氏染色阴性。这种细菌对热和化学药剂的耐受力很弱，在沸水中只需1～2分钟即死亡，在58℃～60℃的热水中也只能存活30分钟。

【发生与传播】 春天一开始，蜜蜂副伤寒病就可能由病蜂群向健康蜂群传播；抽换巢脾、迷巢蜂或盗蜂、公共水源的污染，都是疾病传播的途径。

蜜蜂副伤寒病的潜伏期为3～14天，病死率达50%～60%。

【症状与诊断】 蜜蜂副伤寒病没有特殊的症状，病蜂运动不灵活，翅膀麻痹，体质衰弱，下痢，而这些症状在其它蜂病中也常常遇到。

染病蜂群在早春排泄飞行时，排出许多非常粘稠、半液体状的深褐色粪便。检查蜂箱内部，可发现尚有足够的饲料贮备，但全部巢脾都被粪便弄脏了。拉出病蜂的消化道观察，可见肠道肿胀，呈灰白色。要确诊蜜蜂副伤寒病，必须从病蜂体内分离病原菌进行细菌学和血清学检验。

【防治方法】 蜜蜂副伤寒病用新诺明（磺胺甲基异噁唑）治疗效果最好。每升浓糖浆（1∶1）加新诺明1～2克，混合均匀后喂蜂，每框蜂一次喂糖浆50～100克，每隔3～4天喂1次，连续3～4次。

二、非传染性疾病及中毒的防治

蜜蜂的非传染性病害由环境中的不利因素及生理异常造成，如营养不良、气候的急剧变化、食物缺乏、中毒及遗传因素等。据统计，约有35%的蜜蜂病害属于非传染性病害。这类病害往往症状较难判断，危害多为短期性，因环境条件不同，病害发生种类各异，必须熟知放蜂场地的周围环境，蜜粉植物种类及分布，气候的特殊变化，蜂群内是否缺乏蜂蜜及花粉等。有些蜂场发现中毒性爬蜂，往往同传染性爬蜂相混淆。

（一）生理性病害

下痢病

下痢病发生于成年蜂。冬季及早春连续阴雨或气候寒冷，造成蜜蜂腹部膨大，在蜂箱前爬行，巢箱内及巢框上或蜂场附近有蜜蜂排泄的黄色粪便。患病轻的蜂群待天气转晴后，蜜蜂飞出排便尚能自愈。病情严重者，飞行困难，爬出巢外死于地上。患下痢病的蜜蜂常伴随蜜蜂孢子虫病同时发生，病情加重。

饲料不良是发病的主要原因。一是饲喂蜂群的糖水水分含量过高或糖水发酵变质。二是蜂巢中的存蜜水分过高，空气湿度大，温度低，使存蜜变质。三是蜜蜂采回的花蜜中糊精含量过高，如甘露蜜，造成蜜蜂消化不良。此外，在空气湿度大、温度低的情况下，蜜蜂取食大量蜂蜜以维持蜂群温度，如遇阴雨天，蜜蜂无法飞出巢内排便，造成消化不良引起下痢。

下痢病的主要防治措施有：①用优质饲料喂蜂，给蜂群喂越冬饲料要适时，饲料含水量不宜过高，喂糖要早喂，喂足。

②换以优质蜜脾，如发现越冬饲料含有甘露蜜时，必须彻底更换优质的蜜脾供蜂群食用，结晶蜜、发酵蜜全部撤除。③对于患病蜂群，可在早春晴暖的中午撤出多余巢脾，密集蜂数，晾晒包装物，提高巢温，排除箱内湿气，使蜜蜂飞出巢外排泄。

冻　害

冻害发生于幼虫及蜂蛹。1～2日龄幼虫受冻害死亡的比率较高，死虫呈黄白色，冻伤幼虫无粘性。体节的边缘呈黄色或黑色是此病的主要特征。有些地区昼夜温差大，造成蜜蜂幼虫冻死。如遇寒潮，封盖幼虫及蜂蛹也会死亡。外侧及巢脾下方保温不良的巢房中的幼虫易受冻伤。

预防措施主要是加强蜂群的饲养管理，饲料不足要及时补喂。对于弱群应合并或组成双王群，提高蜂群保温抗寒能力，早春要注意对蜂群保温，使蜂群密集，蜂多于脾，保护幼虫及蜂蛹不受低温侵袭。

卷翅病

卷翅病是我国江南地区蜜蜂的一种生理性病害。多发生于芝麻开花期，由高温干燥引起。当外界气温高达35℃以上，空气相对湿度在70％以下时，蜂群内子脾多，蜜蜂数少，在蜂群内缺乏饲料时，病情加重。此外，当蜂群受到大、小蜂螨危害时，被寄生的幼虫和蜂蛹发育不良，也出现卷翅或翅残缺的幼蜂。

主要防治措施有：①选择阴凉靠近水源的地方作为蜂群越夏场地，特别要注意给蜂群遮荫。②调节蜂巢内温度和湿度，可采取在蜂巢内加水脾等方法调节群内湿度。③做好防治蜂螨工作，控制寄生率在2％以下，保持蜜蜂的健康。

（二）农药中毒

蜜蜂农药中毒损失很大。蜜蜂中毒后可出现死于田间、蜂箱门口及蜂箱内3种情况。死于田间的多为外勤蜂，蜂群逐渐减弱或迅速减弱。死于蜂箱门口及蜂箱内的，可清楚地观察到成年蜂做垂死挣扎，中毒严重的蜜蜂翻跟斗，吻伸出，身体勾曲。受缓慢性农药中毒的蜜蜂并不立即死亡。采集蜂带回毒物于蜂箱内后，可毒死幼虫及青年工蜂，甚至造成整群蜜蜂死亡。

1. 蜜蜂农药中毒的症状

（1）有机磷制剂中毒　中毒蜜蜂身体潮湿，腹部膨胀，双翅不分开但是脱离正常位置，失去定向能力，肢体颤抖。中毒后死亡数量大，多死于箱内。

（2）拟除虫菊酯类制剂中毒　拟除虫菊酯类杀虫剂中毒蜜蜂呕吐，并出现不规律的活动，不能飞翔，之后呈现麻痹现象直至死亡。毒性发作很快，蜜蜂多死于采集区或归途中，也有部分死于蜂箱内。

（3）有机氯制剂中毒　有机氯制剂进入动物体内不易排出，对生态环境影响很大，许多药已被禁用。蜜蜂中毒有不规律的运动，肢体颤抖、麻痹，蜜蜂多死于田间及归途中，也有少部分死于蜂箱内。

2. 蜂群农药中毒的检查

（1）田间检查　这是蜂场管理中最重要的一项工作。田间或农作区施用农药通常会有特别的气味，有时可看见有人在喷药。蜜蜂死亡会吊在花上或死于地下。蜂群农药中毒与蜂场施用农药区的距离有密切关系，距离越近危险性越大。

（2）蜂箱前检查　蜂群发生农药中毒时，蜂箱前蜜蜂死亡数目突然增加，有时还能从死蜂身上嗅到农药特有的气味。蜂群农药中毒后，蜂箱前每天死蜂 200～500 只为轻度中毒，500～1 000 只为中度中毒，1 000 只以上为重度中毒。应注意，蜂群在正常情况下，每天会有 100 只左右的蜜蜂死亡，蜂群患其它病虫害时，也会有蜜蜂死于蜂箱前，应与农药中毒相区别。

(3) 蜂箱内检查　存蜜及幼虫都正常的蜂群，如果蜂箱内的成年蜂突然于 1～2 天内死亡，蜂数减少很多，或有幼虫死于巢房内，或有大量蜜蜂死于底板上，或有突然失王现象发生，或有小群蜜蜂逃跑现象，可作为判断发生农药中毒的参考。

3. 农药中毒的预防

(1) 根据影响蜜蜂中毒的因素，采取相应措施　要注意农药使用的时机。施用农药的时机与蜜蜂采花时间错开，可减少中毒的机会；夏季炎热及气温不正常的寒夜，施用农药后蜂群容易中毒；在温暖地区农药残留时间较短，在寒冷地区则较长。就农药类型而言，液剂农药较粉剂安全性高，乳剂较可湿性剂安全性高，颗粒剂最安全。使用农药区多为蜜源植物区，距离蜂群越远，蜜蜂中毒的机会越少。国外在农药中加入忌避剂可减少危害性。

蜂场根据施药情况，对蜂群采取保护措施。蜂箱用布盖上，暂时关闭巢门，给蜂群通风、喂水。当田间施用残效期较长的或毒性强的农药时，应尽快迁移蜂群，减少损失。蜂农要与附近农民建立联系，互相沟通，了解施药种类、时间，采取相应措施。

(2) 施药应尽量采取统一行动，一次性用药　在植物开花期施药，应选择蜜蜂未出巢前，或晚间施药最安全，施用水悬液对蜜蜂最安全,粉剂引起蜜蜂中毒严重。

(3) 养蜂场禁止存放和使用对蜜蜂有剧毒的药品　不用未经洗刷的容器盛装蜂蜜和其它饲料,不用喷洒过剧毒农药的喷雾器喷蜂,不用装过农药的车厢装运蜂群,禁止在有毒的农药污染的水源附近放蜂。

4. 农药中毒的急救

(1) 撤离施药区　农药严重中毒的蜂场必须迅速撤离施药区,同时清除巢脾上的被污染饲料,将被农药污染的巢脾用 20%碳酸氢钠溶液浸泡 12 小时左右,用清水冲洗干净后,再用分蜜机将巢脾上残留的饲料和水甩出,晾干后备用。

(2) 及时喂蜜水　对于农药中毒严重的蜂群,立即饲喂稀糖浆或蜜水(蜜水比例为 1∶4),不仅可供给蜜蜂所需要的水分,同时还可起到促进蜂群繁殖,恢复蜂群群势的作用。

对于有机磷农药引起中毒的蜂群,可以用 0.05%～0.1%硫酸阿托品或用 0.1%～0.2%解磷定溶液进行喷脾解毒。

第七章　应用先进蜂机具是优质高产的手段

养蜂离不开蜂机具，蜂机具的发展水平是养蜂生产发展程度的主要依据和标志。开展蜂王浆生产机具的研究，实现蜂王浆生产机械化，可以大幅度地减轻劳动强度，提高工作效率，提高蜂王浆的产量和质量，提高养蜂的经济效益和社会效益。

目前，蜂王浆的生产机具主要有移虫器具、人工台基、产浆框、取浆器械等。在这里，重点介绍与蜂王浆优质高产相关的蜂机具，包括高产台基条、多功能组合式隔王板和机械取浆机具。

第一节　台基条

台基条是蜂王浆生产中必不可少的机具。台基条的台基形状、大小、数量都会影响蜂王浆的产量和质量。应选择台型为直桶形、台基大小和数量适中、材料优质的台基条。

一、台基与蜂王浆产量的关系

（一）自然台基和蜡碗

蜂群里的自然台基，一般悬挂于巢脾下缘和边角，口朝下。自然台基在蜂王产进卵前呈山楂形，底呈圆球状，中部膨大，台口内缩。蜜源好的季节较大，其它时节较小。最大部位是台基中部，内径 9～10 毫米，台高 8～10 毫米。蜂王产进卵后，台基改称王台，随着蜂王幼虫生长，台底王浆堆积。工蜂将台口重新扩大、加高。为便于喂浆，一般台口内倾不收口，王台长度由底部浆量和幼虫大小而定。幼虫发育到第五天末，台口开始收缩，并行封盖。封盖后的王台略呈倒圆锥形。最大部分位于原台基中上部。

在 20 世纪 80 年代前，蜂王浆生产大都采用蜂蜡人工台基，又叫蜡碗。这种蜡碗是用蜡盏棒制作的，为便于蜡碗从蜡盏棒上脱下，蜡盏棒略呈圆锥形，因此，制成的蜡碗也略呈喇叭形，内径上口最大，并逐渐向碗底缩小。这种杯形的台基和中段最大的自然台基明显不同，蜜蜂并不喜欢。因此，加入蜂群后，蜜蜂必定把台口修改，使杯口略向内收，收口后的蜡碗移虫接受率高。80 年代后，塑料台基普遍取代了蜡碗。

（二）王台的产浆量与杯形大小有关

一般第一次接受的蜡碗，蜂王浆产量较低，蜡碗接受率也较低，第二次后略有提高，第三、第四次达到高峰，这和杯形结构、大小变化有关。由于画笔刮浆的挤压，蜡碗下部稍有扩大，加上工蜂加高王台又使杯形从略呈喇叭形变成直筒形。如果蜡碗太大，接受率会下降；而蜡碗偏小，接受率虽然高，但台浆量（每个王台的产浆量）却低。试验表明，用较细的蜡盏棒把割下的王台口接到未接受的小台基上修复成的蜡碗，蜂王浆产量明显下降。另外，王台伸长方向还和幼虫位置有关，如果移入蜡碗的幼虫，放在碗底一侧，台口就会向和幼虫所在平面垂直的方向加高，形成牛角形王台，使蜂王浆产量减少。因此，必须注意保持台基和台条的垂直，把产浆幼虫移到台基正中。

（三）台形对接受率的影响

研究发现，直桶形塑料台基的接受率高于同一群蜂、同一王浆框、同一台基条上相间排列的喇叭形塑料台基的接受率。接受率还与台基底部结构有关，台基底部球形的比台底平的接受率高。通过对塑料台基嵌入木条圆孔内（陷台）和粘在木条表面（明台）进行比较，结果表明，明台的接受率高于陷台。同时又把台型相同、台高分别为 8 毫米、11 毫米、13 毫米的 3 种台基进行比较，结果发现，3 种台基都能接受，接受率以 11 毫米的最高。此外，在蜜源、蜂群条件较差的情况下，蜡碗口加得不高，割除这种台口，蜡屑容易掉进蜂王浆中，会影响蜂王浆的质量。

（四）台基颜色对接受率的影响

自然台基由蜂蜡筑成，蜂蜡一般呈黄色。所以，有些人认为黄色是蜜蜂比较喜爱的颜色。为提高接受率，台基也应以黄色为佳。其实，蜜蜂在黑暗的蜂巢内对各种颜色是不敏感的，通过对同一种台型的白色台基和黄色台基，在同一群蜂、同一王浆框、同一台基条上相间排列的接受率试验证实了这一点，不同颜色对接受率的影响差异不显著。由于白色是许多塑料原料的本色，制作台基条时，可省去加颜料调色的工序，而且对控制产品质量，防止回收料的混入有好处。但也有人认为，带色的台基有利于移虫操作。

（五）台基排列对接受率的影响

通过对同一种台基在同一王浆框内，以条为单位，按单台独立排列、双台并列排列、多台并列排列 3 种方式对接受率的影响试验，结果发现，单台独立排列的台基条接受率高于双台并列排列的，双台并列排列的又高于多台并列排列的，但差异均不显著。

（六）台基数、接受率、接受台数、台浆量对蜂王浆群产的影响

在台基数、接受率、接受台数和台浆量 4 个因素中，接受台数、台浆量是影响蜂王浆产量的直接因素。在接受台数不变时，台浆量越高，群（框）产蜂王浆越多；在台浆量不变的情况下，接受台数越多，框产蜂王浆越高。所以，一般可通过提高接受台数和台浆量来提高蜂王浆产量。但由于台浆量是随着接受台数的增加而减少的，所以，增加接受台数应适可而止；当增加台数而增加的蜂王浆产量和台浆量减少造成的蜂王浆减少量相等时，应终止增加接受台数。接受台数取决于台基数和接受率，台基数越多，接受率越高，则接受台数就越多。一般认为，台浆量在每台 250 毫克以上时，仍可通过增加台基数和接受率来提高蜂王浆产量；台浆量在每台 140 毫克以下时，用增加台基数和接受率来提高蜂王浆产量的作用就不大，相反地，有时会出现减产的情况。所以，提高台浆量是提高蜂王浆群产的关键因素。

二、高产台基条

我国从 20 世纪 80 年代中后期开始陆续研制和开发了多种型号的台基条，为我国蜂王浆的优质高产做出了重要的贡献。现以浙江大学研制的 ZNM 型高产全塑台基条为例，说明台基条的特点、高产性能和使用方法。

ZNM 型高产全塑台基条全长 425 毫米，条上筑有 25 个台基。台基排成 1 列，台间空隙相等。台型结构新颖，呈直筒形。具有接受率高、产浆量高、使用方便、省工省事、使用期长、材料本色、无毒无苯无味、有利于提高蜂王浆质量等优点，同时，为机械化取浆、取虫、移虫奠定了基础。

对比试验结果表明，ZNM 型高产全塑台基条的接受率比蜡碗条高 13.2％，比国内其它 2 种普通型号的塑料台基条分别提高了 3.5％和 4.3％；每条王浆产量比蜡碗条高 71.2％，比其它 2 种塑料台基条分别提高了 41.2％和 90.1％。每台王浆产量比蜡碗高 21.2％，比其它 2 种塑料台基条分别提高了 30.8％和 45.1％。同时，与日本产塑料台基条比较，每个台的产量明显高于日本产塑料台基条。

台基条的使用方法有 3 种：一是绑于原王浆框木条上，代替粘台，用法和原木条相同；二是直接用圆钉固定在王浆框架上，省去王浆框上的木条，台基条可自由转动，用法同原木条；三是嵌进王浆框框架的缺刻内，装卸自由。台基条数的调节方法是：台浆量高，每框装 5 条，或 1 根木条上绑 2 条，共计 10 条台基条，或用多框生产；台浆量低，可减少台基条数量。

为提高第一次移虫接受率，移虫前将王浆框放入蜂群内修整 1～2 天，移虫时最好刷蜜、刷浆湿润台底，移的虫龄宜大，移后 3 小时起再行补虫。不接受的台基壁上粘有蜂蜡，可用铁皮剪成同台基内径等宽的刮刀，旋转 360°刮去，然后移虫。用开水浸泡去蜡，台基条不会变形。

第二节　多功能组合式隔王板

蜂群强壮以后，采用标准蜂箱饲养的蜂群，在巢箱和继箱间加上平面隔王板，把蜂王限制在巢箱内产卵，这是传统的管理方法。这种方法在流蜜期，既能限制蜂王无节制地产卵，又能把繁殖区和贮蜜区分开，并有利于蜂王浆生产。但是，美中不足的是，采集蜂和酿蜜蜂上继箱贮蜜，要通过隔王板。工蜂几丁质的胸部外壳直径约为 3.85 毫米，与隔王板栅距相差甚微，隔王板栅距偏小，工蜂难以通过；栅距偏大，工蜂虽易通过，蜂王也有可能通过。据观察，吸饱花蜜腹部膨大的工蜂，通过隔王板很费劲，有的工蜂需侧着体躯，挤爬几厘米后才能过去。这样势必延长吐、贮花蜜时间，加重工蜂劳动强度，阻碍通风排湿，影响工作效率，降低产量。

为了既能发挥使用隔王板的优点，又能克服采集蜂、酿蜜蜂上继箱吐、贮花蜜的困难，可采用多功能组合式隔王板。

一、组　成

多功能组合式隔王板由三框隔王板（宽 127 毫米，长 480 毫米，厚 7 毫米）和框式隔王板（高 257 毫米，长 464 毫米，厚 7 毫米）组合而成，将巢箱隔成可容纳 3 个巢脾的产卵区及其余部分的哺育区、继箱里的生产区。产浆区在继箱上，哺育区在巢箱一侧，这 2 个区都没有蜂王，可各放 1 个王浆框生产蜂王浆，由于这 2 个区相隔较远，哺育蜂工作不会受到拥挤。而且，哺育区和生产区不存在隔王板的阻碍，工蜂往来方便，提高了工作效率。

二、使用方法

根据蜂群群势布置好蜂巢，蜂王限制在产卵区内产卵 1 周后，将产卵区的 3 张卵虫脾提出，加入哺育区内，哺育区的封盖子脾，调 1 张到生产区（继箱上）出房，再调 1 张到产卵区。产卵区再调回 2 张空脾，如有新脾，放在最中间。靠箱壁的位置，放什么脾要根据蜂脾比例而定，蜂密集的放空脾、子脾；蜂较少的应放中间正在出房的大封盖子脾，不要放空脾。这样的话，当气温下降时，蜜蜂不会回到哺育区。

在哺育区靠近框式隔王板处，放粉脾或空脾，工蜂喜欢在此贮粉，中间放卵虫脾，外侧放封盖子脾。由于蜂王不能到达哺育区，偶然有改造王台，调整巢脾时应将王台全部毁弃。全区共放4～5张巢脾。

继箱上贮蜜区放空脾、蜜脾为主。群势12框以上的放满巢脾，继箱内尽量少放子脾，一般只放1张刚封盖子脾；群势在12框足蜂以下，放5～7张巢脾，2张子脾。

生产蜂王浆时，每箱用2个王浆框。第一框加在继箱上子脾边；后来第二框也加在继箱上第一框加的位置；第一框补移好虫后，调到巢箱哺育区内，放于卵虫脾和封盖子脾之间，这样的话，2个王浆框的距离较远，便于各区工蜂吐浆。第一框移虫后的第四天，从巢箱中提出取浆，提框时顺势把继箱上的第二框移到继箱内，放在第一框提出的空位内；取完蜂王浆的第一框，移虫后仍加在继箱上的空位内，第二框从巢箱中提出取浆时，第二次再把第一框调到巢箱中去，这样周而复始，可减少双框生产蜂王浆移搬继箱的次数。蜂王浆生产移虫、取浆提框时抖蜂都在继箱和巢箱内无隔王板的空隙内进行，在低温阴雨天操作，可以减少工蜂损失。

三、增产效果

第一，与平面隔王板将巢箱和继箱隔成2个区的常规组织管理法比较，多功能组合式隔王板能使蜂蜜产量提高22.3%，蜂王浆生产移虫接受率提高6.13%，蜂王浆产量提高17.2%。

第二，用多功能组合式隔王板管理蜂群，在强盛阶段的生产期都可应用，它不仅适合于9～14框足蜂的强群，也适用于8～9框足蜂的中等群。在早春、晚秋，用框式隔王板将蜂王限制在巢箱一侧产卵，利用无王区提早生产蜂王浆，效果比用平面隔王板加上继箱生产要好。

第三，采用多功能组合式隔王板限制蜂王产卵，方便易行，其效果比用平面隔王板限制蜂王产卵好。

第四，在分蜂季节，把隔王板嵌入产卵区巢门内，能阻止蜂王出巢，不会出现分蜂和蜂群飞失。

第五，利用组合式隔王板管理的蜂群，寻找蜂王和适龄移虫子脾比较快。

第六，利用组合式隔王板，在产卵区只加空脾，隔 6 天后又调到其它群去，连续 2 次，就能造成群内只有封盖子脾，为用硫磺熏治蜂螨创造了条件。如果连续抽提 4 次，就会造成群内无子，借机进行治螨，效果更好。

第三节　机械取浆机具

传统采收蜂王浆方法，都采用油画笔、刮浆板或刮浆笔等工具手工挖刮，操作繁琐，费工费时，生产效率低。为了改变这种状况，近年来，国内外研制出了多种机械取浆机具，为实现蜂王浆生产机械化打下了良好的基础。但由于多方面的原因，这些机械取浆机具的使用率很低。目前，机械取浆机具主要有抽吸式、挖刮式、挤压式和离心式 4 大类型。

一、抽吸式取浆机具

抽吸式取浆机是一种利用负压从王台中吸取蜂王浆的器具。它主要由抽气装置、负压瓶（或直接用贮浆瓶）、吸浆头、抽气管和导浆管等部件组成。吸浆时，抽气装置不断地把负压瓶（或贮浆瓶）中的空气抽出，使瓶内形成一定的负压，这样当与负压瓶相连的吸浆头插入王台时，蜂王浆即被吸入吸浆头内，并顺着导浆管集中于集浆瓶中。

(一)电动真空吸浆器

系意大利研制的一种电动真空吸浆器，由机座、电动真空泵、负压瓶、导浆管、吸浆头和蜂王浆过滤器组成(图 2)。

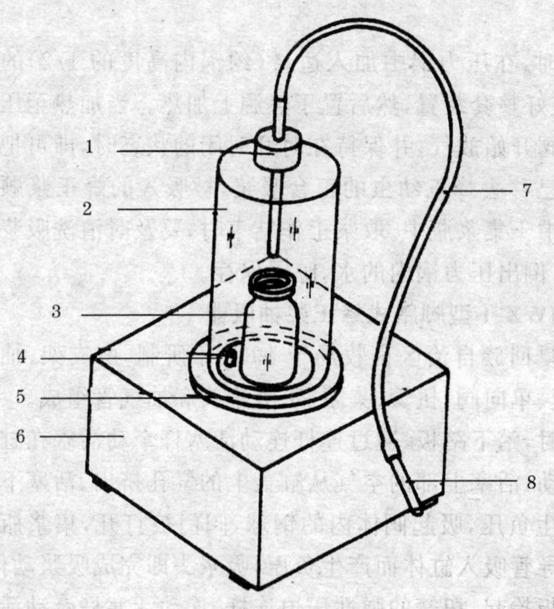

图 2 电动真空吸浆器示意图

1. 蜂王浆过滤器 2. 负压瓶 3. 集浆瓶 4. 抽气管 5. 橡胶环 6. 机座 7. 导浆管 8. 吸浆头

取浆时，先把集浆瓶置于负压瓶内中央的蜂王浆过滤器出浆口下方，接着启动电动真空泵，不断抽出负压瓶内的空气，使瓶内产生和维持一定的负压，吸浆头也保持一定的负压。当吸浆头插入王台的蜂王浆中时，蜂王浆被吸入，并顺塑料导浆管到达王浆过滤器，经过滤后从过滤器的出口流入集浆瓶内。

（二）FJX-1 型蜂王浆抽吸器

系中国农业科学院蜜蜂研究所于 1978 年研制，由压力锅、限压阀、喷头、抽气管、连接弯管、贮浆瓶、乳胶导浆管和吸浆头组成。

取浆时，在压力锅中加入适量（约锅内高度的 1/2）的清水，并安装好整套装置，然后置于热源上加热。当加热至压力锅的限压阀开始放气，并保持在时开时闭的状态时，即可把吸浆头插入已移去蜂王幼虫的王台吸浆，被吸入的蜂王浆顺着导浆管集中于集浆瓶中。取浆工作结束时，要及时清洗吸浆头和导浆管，倒出压力锅内的水，晾干保存。

（三）JWX-1 型脚踏式蜂王浆抽吸器

系宁夏回族自治区畜牧局于 1981 年研制，由支架、抽气缸、脚踏板、单向阀、扭簧、集浆瓶、吸浆头和抽气管组成。

取浆时，踏下踏板，通过连杆连动活塞杆牵动活塞在缸体内向上运动，活塞上部的空气从缸盖上的气孔挤出。活塞下部缸体内产生负压，吸起阀体内的钢球，阀门被打开，集浆瓶内的空气由导管吸入缸体而产生负压，吸浆头即完成吸浆动作。当脚从踏板抬起，扭簧的弹性压迫连杆，连动活塞杆牵动活塞下行，阀体内的钢球靠重力和缸内空气的压力迅速回位，关闭阀道，阻止空气通过阀门进入导管。这时活塞下部的压缩空气通过活塞的裙部移到缸体上部。当脚再下踏时，又完成下一个抽吸动作。

此外，郭云桂等人（1988）研制了一种蜂王浆采集器。这种脚踏式取浆器由支架、抽气缸、脚踏板、集浆瓶、吸浆头、导浆管和抽气管等部件组成，其工作原理及使用方法与 JWX-1 型脚踏式蜂王浆抽吸器相仿。

二、挖刮式取浆机具

挖刮式取浆机是一种采用刮浆舌片或刮浆绞龙取出蜂王浆的机具，目前有 SC-1 型取浆器、RT-1 型取浆机和半自动取浆机 3 种类型。

(一)SC-1 型取浆器

系浙江大学蜂业研究所于 1993 年研制，由机架、刮浆舌片和接浆槽组成。

使用时，取浆器固定于工作台(如桌子)上，同时割除产浆条王台上部的蜂蜡台基壁，镊除蜂王幼虫，在接浆槽的出浆口下方放上 1 个贮浆瓶。然后双手持产浆条对准取浆器的刮浆舌片，并使刮浆舌片端部靠着王台的内上壁。将产浆条朝刮浆舌片方向推进，至刮浆舌片端部抵达王台底部，随即稍提起产浆条的后部，使刮浆舌片的顶端刮过王台底部，并保持刮浆舌片的端部靠着王台的内下壁的姿势拉出产浆条，即完成该王浆条各王台的取浆工作。刮下的蜂王浆落入接浆槽中，并流入贮浆瓶。

这种取浆器的工效比画笔高 4 倍，蜂王浆残留量在每个产浆条上为 2 克以下。

(二)RT-1 型取浆机

系浙江大学蜂业研究所于 1993 年研制，由机架、刮浆绞龙、接浆槽、电动机和转动轮组成。

使用时，取浆机固定于工作台上，同时割除产浆条王台上部的蜂蜡台基壁，镊除蜂王幼虫，在接浆槽的出浆口下方放上 1 个贮浆瓶。然后，接通取浆机的电源，双手持产浆条，将王台口对准转动着的刮浆绞龙插入，各王台中的蜂王浆即被刮出，该产浆条王台的取浆工作就完成了。刮下的蜂王浆落入接浆槽中，最后流入贮浆瓶中。

这种取浆器的工效比画笔高3倍，蜂王浆残留量在每个产浆条上为0.2克以下。

(三)半自动取浆机

系珠海科胜蜂业总公司于1993年研制的取浆机，主要由刮浆机辊、浆条传送辊、浆条输送带、蜂王浆导槽、产浆条滑槽、机架和转动装置组成。

取浆时，先割除产浆条王台上部的蜂蜡台基壁，并镊除蜂王幼虫。然后，接通取浆机的电源，将待取浆的产浆条王台口朝上置于浆条输送带上，产浆条被送至浆条传送辊。当浆条传送辊的槽口转至产浆条处，产浆条即被嵌装入槽内，并被转动的浆条传送辊带至刮浆机辊端，这时刮浆机辊的刮浆舌片恰好转至并插入王台中。随着刮浆机辊和浆条传送辊的继续转动，产浆条上王台内的蜂王浆即被刮出。刮出的蜂王浆流至位于下方的蜂王浆导槽上，导至贮存容器中。刮过蜂王浆的产浆条被浆条传送辊带到下部，落至产浆条滑槽，提出后可再次用于移虫产浆。

三、挤压式取浆机具

SQ-1型取浆机系浙江大学蜂业研究所于1993年研制的1种挤压式取浆机，由机架、取浆头、导浆管和产浆条夹组成。

使用时，先割除产浆条王台上部的蜂蜡台基壁，镊除蜂王幼虫，并在取浆机的出浆口下方放上1个贮浆瓶。然后用产浆条夹夹持待取浆的产浆条，并使王台对准取浆机的取浆头，用力挤压，各取浆头分别挤入王台中。当取浆头达王台底部时，蜂王浆即被取出，顺着取浆头的导浆孔进入导浆管，再导入贮浆瓶，随即拔出产浆条，即完成1条产浆条王台的取浆工作。

这种取浆器的工效比画笔高5倍以上，蜂王浆残留量在每个产浆条上为0.5克以下。

四、离心式取浆机具

离心式取浆机系利用离心力把王台内的蜂王浆分离出来的机具。其分离蜂王浆的原理与分蜜机分离蜂蜜的原理相同。20世纪60年代，我国的蜂业工作者就已开始研制离心式蜂王浆分离机，试图采用蜂王浆分离机来取代人工取浆，达到蜂王浆采收机械化。至今在这方面已初获成功的有：张仲龄研制的1种电动式蜂王浆分离机（下称张氏蜂王浆分离机）、杨多福研制的1种手摇式蜂王浆分离机（下称杨氏蜂王浆分离机）、福建农业大学蜂学系1994年研制的1种FWF型电动蜂王浆分离机和安徽省黄山市养蜂研究所研制的1种多功能取蜂蜜王浆机等几种机型。

（一）张氏蜂王浆分离机

系张仲龄在20世纪60年代研制，由浆条转篮、桶身、横梁和电动机组成。

使用时，先割除产浆条王台上部的蜂蜡台基壁，镊除蜂王幼虫，然后把待分离蜂王浆的产浆条装入浆条转篮，接通电动机电源，电动机驱动浆条转篮高速旋转达一定转速时，王台内的蜂王浆即被分离出来，甩至桶内壁后流到桶底，最后从出浆口导入贮浆容器。

（二）杨氏蜂王浆分离机

由浆条转篮、幼虫分离转篮、桶身、接浆槽、变速箱和摇手构成。

使用时，将产浆条王台上部的蜂蜡台基壁割除后装入浆条转篮，然后摇动摇手，驱动浆条转篮高速旋转，至一定转速时，王台内的蜂王浆即被分离出来，并甩至桶内壁后汇集于接浆槽中，再从出浆口导入贮浆容器。

(三)FWF型电动蜂王浆分离机

由桶身、浆条转篮、浆条压板、蜂王幼虫分离篮、横梁、转动装置和桶盖构成。

使用时，卸下分离机的上梁，取出浆条转篮，将已切除王台上部蜂蜡台基壁的产浆条装入浆条转篮，随即重新装好浆条转篮和横梁。然后接通电动机电源，电动机驱动浆条转篮和蜂王幼虫分离篮高速旋转，达到一定转速时，王台内的蜂王浆和蜂王幼虫即被分离出来。分离出的蜂王浆被甩至桶内壁后汇集于桶底，从出浆口导入贮浆容器；而蜂王幼虫则被截留在蜂王幼虫分离篮中，至一定量时卸下分离篮取出。

(四)多功能取蜂蜜王浆机

这是一种摇蜜取浆两用机，由桶身、蜜脾转架、蜜脾转篮、取浆盒、产浆条夹、转动装置和手摇柄等部件组成。

使用时，把待分离蜂王浆的产浆条用产浆条夹夹住后，成排地插入取浆盒内，然后把取浆盒置于蜜脾转篮中。通过手摇柄转动蜜脾转架，当蜜脾转架的转速达到2 400转/分钟时，王台内的蜂王浆即被分离出来，流入取浆盒。

第八章 蜂王浆的质量标准与验收

第一节 蜂王浆的来源、性质和成分

一、蜂王浆的来源

虽然蜂王浆的应用历史悠久，功效也早已被人们所认识，但其来源直到1912年，才被德国科学家D. L. Lange首次发现，蜂王浆是5～15日龄的工蜂从位于头部的咽下腺分泌的。现在已进一步证实，蜂王浆除由咽下腺分泌外，还来自工蜂头部的上颚腺。

咽下腺又称营养腺、王浆腺。位于工蜂头部上后方，是紧密围聚在一起的两长串盘绕成环状的小囊，两条中轴导管分别开口于底部的口片侧角上(图3)。口片属于咽下的舌，因此，咽下腺也称为舌腺。

二、蜂王浆的理化性质

(一)颜 色

新鲜蜂王浆呈乳白色或淡黄色，有个别的呈微红色。蜂王浆颜色的深浅，主要取决于生产时的蜜粉源和其老嫩程度、工蜂日龄及质量的优劣。生产王浆的工蜂日龄的增加、王浆保存时间的延长以及采浆和加工时与空气接触时间的增加，会使蜂王浆的颜色加深。

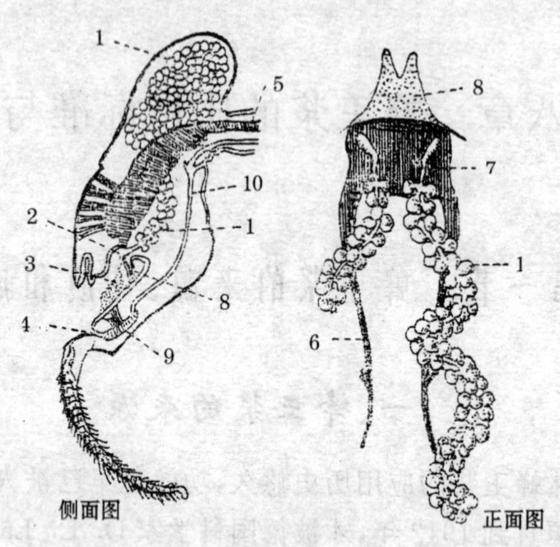

图 3　工蜂的咽下腺

1. 咽下腺　2. 口　3. 王浆　4. 涎窦口　5. 食管

6. 口片的臂骨　7. 口片　8. 舌垂叶　9. 涎窦　10. 涎管

（二）状　态

新鲜蜂王浆呈乳浆状或浆状朵块形，微粘，有光泽，手感细腻，无蜡屑等杂质，无气泡。

（三）味　道

有一种极为典型的酚与酸的气味以及辛辣味。味感酸、涩、辣、甜，以酸为主。

（四）pH 值

新鲜蜂王浆呈酸性，pH 值 3.5～4.5，酸度 30～53 毫克/100 克。

（五）比　重

比重 1.08，比水略重，比蜂蜜轻。

（六）溶 解 性

部分溶于水，呈悬浊液；部分溶于乙醇，产生白色混浊液，放置一段时间后分层;完全溶于浓酸和浓碱溶液中。

(七)不稳定性

新鲜蜂王浆的性质很不稳定。以下几方面的因素均会影响蜂王浆的质量(新鲜度)。

1. 温度　较高的温度容易使蜂王浆失去活性,甚至变质。实践证明,在5℃条件下贮存1年的蜂王浆,用来饲喂蜂王幼虫,就不能使其发育成蜂王。这说明能促进幼虫发育为蜂王的某些物质已经分解。

2. 光线　蜂王浆中不少化合物含有极为活泼的基团,如醛基、酮基等。这些基团在光的作用下很快起化学反应,使其失去原有的特性。

3. 空气　蜂王浆有很强的吸氧能力,许多化学基团容易和空气中的氧起氧化反应。但如果温度降至-18℃以下,这种氧化反应就会自然停止。

4. 酸碱　蜂王浆能够溶解在酸性和碱性的介质中,在溶解的状态下,蜂王浆质量更不稳定。

5. 金属　蜂王浆呈酸性,它与金属,特别是锌、铁等金属容易起反应,腐蚀金属。金属进入蜂王浆中,蜂王浆同样受到金属的污染。所以,取浆和贮浆用具,不应使用一般的金属制品。

6. 细菌　蜂王浆虽然含有多种有机酸,pH值较低,本身具有较强的抑菌作用,但不等于能杀灭所有的细菌。特别是酵母菌,在适宜的温度下,在有蜂王幼虫体液存在的条件下,极易引起蜂王浆发酵。

此外,蜂王浆在冷热交替、经常震动和换瓶时也容易变质。

三、蜂王浆的化学成分

蜂王浆的化学成分非常复杂，而且随蜜源、产地、蜂种和取浆时间的不同存在一定差异。新鲜蜂王浆中水分含量为64.5%～69%，蛋白质11%～14%，糖类8.5%～16%，脂类6%，无机盐0.4%～2%，未确定物质2.8%～3%。

(一)蛋白质

新鲜蜂王浆中蛋白质含量为11%～14%。其中含有多种高活性的蛋白类物质，主要有白蛋白、α蛋白、β蛋白和不渗透性蛋白质，目前至少已确定了12种，其中2/3是清蛋白，1/3是球蛋白，比例和人体血液中的清蛋白与球蛋白比例大致相似。

(二)氨基酸

蜂王浆中含有20多种氨基酸，其中包括人体所必需的8种氨基酸。这些氨基酸种类包括：脯氨酸、赖氨酸、精氨酸、组氨酸、酪氨酸、丝氨酸、胱氨酸、苏氨酸、缬氨酸、亮氨酸、异亮氨酸、色氨酸、甘氨酸、甲硫氨酸、苯丙氨酸、天门冬氨酸、谷氨酸、丙氨酸、蛋氨酸、羟脯氨酸等，其中脯氨酸含量最高，约占氨基酸总量的63%，其次为赖氨酸，约占20%。

(三)脂肪酸

蜂王浆中含有26种以上的游离脂肪酸，其中已鉴定出壬酸、癸酸、十一烷酸、十二烷酸、十三烷酸、肉豆蔻脂酸、棕榈油酸、硬脂酸、亚油酸和花生四烯酸等。其中，10-羟基-α-癸烯酸是蜂王浆特有的天然不饱和脂肪酸，俗称“王浆酸”，是鉴定蜂王浆质量的重要指标。

(四)维生素

蜂王浆中含有丰富的维生素，以B族维生素最为丰富，包括维生素B_1、维生素B_2、维生素B_6、维生素B_{12}、烟酸、泛酸、生物素、叶酸、胆碱和肌醇。此外,还含有少量的维生素A、维生素D、维生素K和微量的维生素E。由于王浆中含有抗坏血酸氧化酶,所以,其中的维生素C含量很低。

(五)糖　类

蜂王浆中含有葡萄糖、果糖、麦芽糖、蔗糖和龙胆二糖等。

(六)无 机 盐

蜂王浆中含有钾、钠、镁、钙、磷、铁、锌、铜、锰、镍、钴、铬、铋、硅、汞、砷等常量元素和微量元素。

(七)活性物质

蜂王浆内的活性物质十分丰富,主要是酶类和激素类。

1. 酶类　蜂王浆含有抗坏血酸氧化酶、葡萄糖氧化酶、胆碱酯酶、磷酸酶等,其中酸性磷酸酶较低,碱性磷酸酶较高。此外,还有脂肪酶、淀粉酶、醛缩酶、转氨酶等。

2. 核酸　蜂王浆中含有一定数量的核酸,包括核糖核酸(RNA)和脱氧核糖核酸(DNA)。此外,还含有少量的黄素单核苷酸(FMN)、黄素腺嘌呤二核苷酸(FAD)、二磷酸腺苷(ADP)和三磷酸腺苷(ATP)等。

3. 激素　蜂王浆中含有微量的可以调节生理功能、激活和抑制某些器官生理变化的激素,主要有保幼激素、17-酮固醇、17-羟固醇、雌二醇、睾酮、孕酮、肾上腺素、氢化可的松、类胰岛素激素等。

4. 生物喋呤类　蜂王浆中含有微量的生物喋呤、新喋呤等生物喋呤类物质。

5. 未知物质　蜂王浆中还含有人类至今尚未能鉴定出的物质,其含量近3%,这种物质通常用蜂王浆英文(Royal jelly)中的第一个字母R表示,称做“R”物质。

第二节 蜂王浆的质量标准与验收

一、蜂王浆的质量标准

蜂王浆的质量标准是指根据蜂王浆的物理化学特性、卫生指标制定的蜂王浆品质的具体标准。主要包括蜂王浆的一般性状(感官指标)、理化指标、卫生指标及其检测的方法。目前,世界上尚无统一的蜂王浆质量标准,各国在质量指标上各有侧重。例如,日本特别看重 10-羟基-α-癸烯酸含量,而欧美国家则比较注重新鲜度。

我国于 1988 年发布了《中华人民共和国国家标准 GB9697—88 蜂王浆》。于 2002 年由国家质量监督检验检疫总局发布了新的国家标准(GB/T 9697－2002)代替原有的标准,于 2003 年 3 月 1 日起实施。该标准规定了蜂王浆的等级、质量、试验方法、生产、包装、标志、贮存与运输要求。

(一)感官指标和理化指标

蜂王浆的感官指标、理化指标见表 1 和表 2。

表 1 蜂王浆的等级和感官指标

项目	优等品	合格品
色泽	乳白色	乳白色、淡黄至黄红色
状态	乳浆状或浆状朵块形,微粘,光泽明显;无蜡屑等杂质;无气泡	乳浆状,微粘有光泽感;无蜡屑等杂质;无气泡
气味	蜂王浆香气浓,气味纯正	有蜂王浆香气,气味纯正
滋味	有明显的酸、涩味,带辛辣味,回味略甜;不得有发酵、发臭等异味	有酸、涩味,带辛辣味,回味略甜;不得有发酵、发臭等异味

注:蜂王浆香气,即略带花蜜香和辛辣气

表 2　蜂王浆的等级和理化指标

指　标		优等品	合格品
水分(%)	≤	67.5	69.0
10-羟基-α-癸烯酸(%)	≥	1.6	1.4
蛋白质(%)	≥	11	
酸度[(1摩/升氢氧化钠)毫升/100克]		30～53	
灰分(%)	≤	1.5	
总糖(以葡萄糖计,%)	≤	15	
淀粉		不得检出	

(二)卫生指标

杂菌总数≤300个/克,真菌≤100个/克,致病菌不得检出。

二、影响蜂王浆质量的因素

在蜂王浆产量越来越高的今天,如何提高蜂王浆的质量是人们越来越关心的议题和追求的目标。蜂王浆的化学成分极为复杂,生物活性物质种类繁多,因而影响蜂王浆质量的因素错综复杂。蜂王浆含有独特的成分——10-羟基-α-癸烯酸,由于它有很强的杀菌、抑菌作用,并有较高的抗癌功能,因而成为蜂王浆的代表物质之一。蜂王浆中除10-羟基-α-癸烯酸外,许多活性成分也发挥了重要的生理、药理功能。因此,蜂王浆质量的好坏关键在于所含活性成分种类的多少和含量的高低。蜂群在不同的内在和外界条件下所分泌的蜂王浆,其化学成分的种类和含量、理化性质、生理及药理功能均有所差异。在蜜蜂生物学方面,生产蜂王浆的蜂种、移入台基的幼虫日龄、泌浆蜂日龄、取浆时间、采食的饲料和巢房种类等都会影响蜂王浆的质量。

(一)蜂 种

不同蜂种由于其形态学、遗传学、生理学及生物化学的差异,它们所分泌蜂王浆的数量和质量显然有很大的差异。近年来,我国培育成功了多个蜂王浆高产的蜂种,这些蜂种均具有蜂王浆高产的特性,但在蜂王浆的质量上有较大的差异。在同一蜜源条件下,不同蜂种所生产的蜂王浆,其10-羟基-α-癸烯酸含量高的达2.6%以上,低的仅为1.4%;蜂王浆中总糖的含量高的为16.6%,低的为14.2%。

(二)泌浆蜂日龄

泌浆蜂的日龄对蜂王浆的理化性质有很大影响。如3~18日龄工蜂分泌的蜂王浆色泽较白,pH值较低(约为4),含糖量低;而18~23日龄工蜂分泌的蜂王浆色泽偏黄,pH值较高(约为4.5),含糖量高。Haydak经过对泌浆工蜂日龄和所分泌的蜂王浆成分之间的关系进行系统的观察和研究,发现除胆碱、维生素B_{12}和硫胺素外,蜂王浆中其他维生素的含量一般随日龄的增加而减少(表3)。

表3 不同日龄工蜂分泌的蜂王浆成分比较

成分名称	泌浆工蜂日龄		
	11~15	33~36	50~54
水分(%)	63.5	63.5	62.5
硫胺素(微克/克)	2	2	2
核黄素(微克/克)	12.20	8.44	7.95
烟酸(微克/克)	50.0	30.3	29.0
吡哆醇(微克/克)	4.04	1.34	0.29
泛酸(微克/克)	146.0	54.6	33.1
胆碱(微克/克)	2.00	2.11	1.95
维生素B_{12}(微克/克)	0.75	0.25	0.30
生物素(微克/克)	1.46	0.54	0.35
叶酸(微克/克)	0.35	0.30	0.27

（三）取浆时间

从移虫到取浆的间隔时间短的蜂王浆一般含水分较多，显得稀薄，酸度也有差异。据日本学者报道，蜂王浆中葡萄糖氧化酶(GOD)的含量受取浆周期的影响十分明显(表4)。

表4　不同取浆时间的蜂王浆葡萄糖氧化酶含量

移虫至取浆间隔时间(小时)	24	48	72
葡萄糖氧化酶含量(微克/克)	311.8	192.7	139.0

（四）移入台基的幼虫日龄

据日本学者报道，在台基内移入不同日龄的幼虫，经48小时后收取的蜂王浆中所含的葡萄糖氧化酶含量有明显差异(表5)，葡萄糖氧化酶活性随移入幼虫日龄的增大而增加。

表5　不同日龄蜂王幼虫生产的蜂王浆葡萄糖氧化酶含量

移入台基的幼虫日龄	1	2	3
葡萄糖氧化酶含量(微克/克)	189.5	192.7	326.4

（五）采食饲料的质量

蜂王浆中的多种生物活性成分大部分来源于其食物中的蛋白质。因此，蜂王浆的质量和活性成分受食料(花粉)条件的影响非常明显。饲料不同，蜂王浆的色泽、气味和成分差别比较大。给三群蜂分别饲喂蜂粮、人工花粉(大豆饼、酪质素、干啤酒酵母、粉状生乳、鸡蛋黄、面粉)及让其自然采集，结果三群蜂的工蜂所分泌的蜂王浆成分不同(表6)。

表 6　不同蛋白质补充饲料对蜂王浆成分的影响

成分名称	蜂　粮	人工花粉	自然采集
水分(%)	54.9	57.3	62.7
蛋白质(%)	12.0	14.5	13.8
泛酸(微克/克)	85.50	135.05	133.55
烟酸(微克/克)	44.1	31.7	56.1
核黄素(微克/克)	8.68	7.54	6.41
胆碱(微克/克)	1.07	1.36	2.31
生物素(微克/克)	0.39	0.28	0.30
叶酸(微克/克)	0.46	0.33	0.82
硫胺素(微克/克)	6.3	4.6	5.3
维生素 B_{12}(微克/克)	0.80	0.88	0.78
吡哆醇(微克/克)	4.94	2.24	20.34

(六)不同的巢房种类

同样都是由受精卵发育而来且日龄相同的幼虫，移入王台里和留在原来的工蜂房里，哺育蜂喂给幼虫的蜂王浆成分不同。喂给王台内幼虫的蜂王浆含泛酸较多，且随着幼虫日龄增大，泛酸的含量逐渐减少。喂给王台内幼虫的蜂王浆中，10-羟基-α-癸烯酸含量明显高于工蜂房内的蜂王浆(表 7)。

表 7　王台和工蜂房内蜂王浆的 10-羟基-α-癸烯酸含量比较

巢房(幼虫)种类	王　台			工蜂房	
幼虫日龄	24 小时	48 小时	72 小时	1～3 日龄	4～5 日龄
蜂王浆干粉中 10-羟基-α-癸烯酸含量(%)	5.76	5.92	5.84	3.25	3.20

（七）外界环境

温度、光线、空气、酸碱度、细菌、包装材料等外界环境因素都会影响蜂王浆的质量，震动和频繁换瓶也会影响其质量。

三、蜂王浆的简易验收方法

收购蜂王浆时的验收方法，目前沿用的主要有感官验收和理化验收两种。

（一）感官验收

验收蜂王浆的场所应清洁卫生，包括蜂王浆的容器须完整无损，合乎食品卫生要求，以采用聚乙烯原料制成的包装最好。启开盛浆容器，先观察蜂王浆表面的状态是否符合新鲜蜂王浆要求，然后将消毒过的玻璃棒（或不锈钢条）从容器正中插入底部，转动玻璃棒，随后抽出，观察蜂王浆上下是否一致，并通过眼看、鼻嗅、口尝和手捻，从感官、嗅感、味感与手感来判别蜂王浆的质量优劣。

1．眼看　主要看颜色和状态。一般认为乳白色和淡黄色、上下颜色一致、有光泽感为好。浆色深浅和产浆期蜜源、产浆蜂种、贮存时间长短、贮存过程中浆温高低有关。由蜜源和蜂种造成颜色较深的蜂王浆，对质量影响不大；由于贮存过久、浆温过高造成的浆色加深甚至发红，说明蜂王浆质量下降。

用画笔或牛角片取出的新鲜蜂王浆，似许多冰淇淋堆在一起一样，有稀有稠，稠的成朵状，从瓶子里往外倒时可以看得很清楚。用抽吸的取浆机取的浆，或者通过换瓶、运输震动、过滤所得的浆及陈浆，朵状就会消失。新鲜、优质的蜂王浆略呈半透明，具有一定的粘度，其粘度类似浆糊样。用玻璃棒插入蜂王浆中，拉出时有挂棒现象为适中，过稀过稠则有掺杂嫌疑。但是下述两种情况例外：一是幼虫日龄小时取的浆较稀；二是幼虫日龄特大甚至已封盖时取的浆较稠。两者均属自然，并非掺杂。前者浆质较好，但水分较多；后者水分较少，糖分较多，色泽较深，浆质不如前者。蜂王浆内不应有小气泡，有小气泡是幼虫体液渗入或发酵变质所致。纯正的蜂王浆不应含有任何杂质，检查杂质除用肉眼做一般观察外，必要时用低倍显微镜查验。

2. 鼻嗅　蜂王浆应有独特的清香气味。有时因蜜源植物的关系，如荞麦、百里香花期生产的蜂王浆就带有明显的特殊气味。但不得有腐败气味、牛奶气味或其它刺激性气味。

3. 口尝　品尝蜂王浆，应有缓缓而来的涩味并稍带酸味和辛辣味，回味略甜。如涩、酸、辛辣味浓厚，则有变质的可能；若涩、酸、辛辣味变淡，则有掺杂嫌疑；若口感太甜，说明该蜂王浆已掺入蜂蜜、蔗糖或葡萄糖。

4. 手捻　用手指捻搓蜂王浆，应有细腻感和粘滑感，而无坚实感。

（二）理化验收

蜂王浆理化指标的规范验收应严格按照 GB/T 9697—2002 中规定的方法进行。现介绍几种操作简便、检验迅速的简易方法。

1. 水分测定　用阿贝折光计测定水分，一般折光指数在 1.386～1.395 的符合质量要求。

2. 溶解度测定　取蜂王浆检样 0.1 克左右，装入试管中，加蒸馏水 1～2 毫升，振摇数次，使蜂王浆混悬于水中。再用 0.1 摩/升 氢氧化钠溶液将 pH 值调至 7～9 时，混悬物就能溶解。这时可将溶液加热，若没有出现沉淀和分层现象，证明该蜂王浆内没有掺入乳制品、蛋白质或油脂类等其它物质。

反之就有可能掺假。

3. 碘试验 取蜂王浆检样约 0.1 克，放入小烧杯中，加蒸馏水 1～2 毫升，搅拌均匀。再加入碘液 2 滴。如呈现绿色、浅绿色、蓝色等，则证明该蜂王浆中已掺入淀粉类物质。

4. pH 值测定 取蜂王浆 0.5 克，加蒸馏水制成 10 毫升的均匀混悬液，用酸度计或试纸测定 pH 值，应为 3.5～4.5。如果 pH 值大于或小于该范围，都有掺杂的可能。

第九章　蜂王浆的贮藏保鲜

第一节　蜂王浆的低温贮藏

蜂王浆的珍贵之处不仅在于其含有十分全面的营养成分，更在于它含有迄今尚未全部为人所知的能够调节机体多种生理功能、在防病治病中发挥神奇效果的生物活性物质。为了保持这些生物活性物质的稳定，需要具备较为严格的外部条件。对蜂王浆的生物活性物质产生影响的因素有很多，如空气、光照、温度、微生物、酸、碱、金属等。因此，在蜂王浆的生产、运输、贮存过程中要尽可能减少上述因素的影响。

首先，要尽量使蜂王浆保持低温，一般认为－5℃～－7℃可较长时期贮存蜂王浆，－18℃以下可贮存数年不变质。用5℃条件下贮存1年的蜂王浆及蜂王浆冻干粉做育王试验，结果仅能培育出工蜂或介于工蜂与蜂王之间的中间体，这说明蜂王浆的生物活性物质已有很大丧失。

其次，蜂王浆长时间接触空气，会逐渐被空气中的氧所氧化。因此，应尽量避免蜂王浆长时间暴露于空气之中，盛放蜂王浆的容器要装满盖严。要保持生产、加工和贮存蜂王浆的器具和环境的整洁，与蜂王浆直接接触的器具在使用前最好用70％酒精消毒，减少微生物污染的机会。加强对生产、加工蜂王浆人员的卫生宣传，养成良好的卫生习惯。光照同样会破坏蜂王浆质量，长时间在强光照射下，蜂王浆颜色会逐渐加深，化学性质发生改变，因而应尽量避免阳光照射。蜂王浆属酸性物质，其中的有机酸对金属有较强的腐蚀作用，即使是优质不锈钢材料，在与蜂王浆接触数小时后，表面也会因蜂王浆的腐蚀作用而变成灰黑色。因此，应尽量避免使用金属容器长时间存放蜂王浆。

蜂王浆自身是化学性质相对稳定的物质，它的变质往往是多种因素共同作用的结果，如果能严格控制生产、加工和贮存的过程中，避免上述因素对蜂王浆产生影响，蜂王浆的质量控制并非难事。消费者在购得新鲜蜂王浆后，将其置于家用冰箱的冷冻室存放，在 2 年内可放心食用。如果发现蜂王浆颜色变深，分离出稀薄水分，出现异味，甚至产生气泡，说明蜂王浆质量已发生严重改变，这样的蜂王浆不宜食用。

第二节　蜂王浆的过滤

在蜂王浆的采收过程中，王台口上的碎蜡片以及蜂王幼虫等杂质常被带入浆体中，从而影响蜂王浆的感官状态和质量，必须过滤除去这些杂质。由于蜂王浆呈半流体状态，对其进行过滤要比蜂蜜困难。

一、过滤前的解冻

要求解冻必须彻底。通常是将蜂王浆的冻结体连同容器浸入流动的自来水中，由自来水不断将热能传给蜂王浆的冻结体，使其逐渐解冻，直至完全呈半流体状态。

二、过滤方法

(一)滤袋挤压过滤

属最简单的方法。将已解冻的蜂王浆装入用 60～100 目绢纱滤布制成的滤袋中，扎紧袋口，置螺旋推进挤压装置中，缓缓加压。滤净后将滤渣再用清水漂洗，以回收被过滤掉的10-羟基-α-癸烯酸结晶。

（二）离心加压过滤

将已解冻的蜂王浆装入用60～100目绢纱滤布制成的滤袋中，扎紧袋口，置于转速为800～1 000转/分、离心半径300～350毫米的离心装置转篮中进行离心。滤净后将滤渣再用清水漂洗，以回收被过滤掉的10-羟基-α-癸烯酸结晶。

（三）毛刷清渣加压过滤

将已解冻的蜂王浆装入底部带有60～100目滤网的圆形不锈钢滤盘中，毛刷在转速为5～6转/分的转臂带动下，沿滤网面刷除沉积于其上的滤渣，并在毛刷运动的向下分力作用下，使蜂王浆顺利通过滤网，得以过滤。

三、注意事项

一是蜂王浆在贮存过程中，会有部分10-羟基-α-癸烯酸结晶析出，需用蒸馏水对滤渣进行漂洗，将其分离出来，并将其返回过滤出的蜂王浆中混匀。

二是蜂王浆过滤操作的环境及用具应符合卫生要求。

第三节　蜂王浆的冷冻干燥

蜂王浆的冷冻干燥是将蜂王浆冻结成固体，然后在真空条件下，使其中的水分直接由固态升华成气态而除去，达到含水量为2%左右的加工过程。蜂王浆经真空冷冻干燥后的固态产品，称为蜂王浆冻干粉。它能完好地保持蜂王浆的有效成分和特有的香味、滋味，而且活性稳定，可在常温下贮存3年不变质。

一、原　理

冷冻干燥是将物料冷冻至冰点以下，放置于高度真空的冷冻干燥器内，在低温、低压条件下，使物料中的水分直接由固态升华成气态而除去，达到干燥的目的。

二、特　点

一是冻干的固体产品，由于微小冰晶体的升华而使其呈多孔疏松的结构，并保持冻结前原有的体积。

二是冻干品加水后极易溶解，立即恢复成原来的新鲜状态。

三是由于制品的升华干燥是在低温和真空条件下进行的，因此，产品不会受到热破坏和氧化。

四是在冷冻干燥过程中，可以除去95%～99%的水分，有利于制品的长期保存。

五是冷冻干燥可提高一些化学、物理、生物特性不稳定制品的稳定性。

三、工艺流程和要求

基本工艺流程为：

预处理 → 预冻 → 升华干燥 → 解析干燥 → 包装

（一）预 处 理

将待冷冻的鲜蜂王浆按1∶1的比例加入无菌蒸馏水，经100目的滤网过滤以除去杂质。

（二）预　冻

将预处理好的蜂王浆移入方盘中，浆层厚度控制在8～

10 毫米，然后送入冷库，于－40℃的低温条件下快速冻结成固体。

（三）升华干燥

开动真空泵，使真空压力维持在 1.33 帕左右；再开动加热系统，使冻结蜂王浆的温度由－40℃上升到－25℃。该过程大约需要 12 小时，蜂王浆的水分含量降至 10%左右。

（四）解析干燥

为进一步降低蜂王浆中的水分，必须通过提高加热温度和保持较高的真空度，使被吸附的水分子在较大的解析推动力作用下，从疏松的蜂王浆中解析出来，以继续干燥至含水量为 2%左右。解析干燥的温度以 30℃为宜，最高不超过 40℃，这一干燥过程需要 4～6 小时。

（五）包　装

蜂王浆冻干粉的吸湿性很强，为防止污染及水蒸气侵入，分装和封口操作应以最快的速度进行。对进入操作室的空气必须经过净化处理，其相对湿度应低于 20%，包装封口必须严密。

附录1　蜂王浆标准化生产技术规范

（摘要）

一、蜂王浆标准化生产的技术要求

1. 生产蜂群

无传染性疾病的健康蜂群，群势达6框蜂以上，蜜粉饲料充足。

2. 工具和设备

1）采浆框　外围尺寸与巢框一致，为长448 mm，高232 mm。上梁长480mm，宽13mm，厚20mm；边条宽13mm，厚10mm；台基板条宽13mm，厚8mm。每框安装3～5条台基条。台基板条可自由拆装。

2）台基条　用无毒塑料制造，每条可放25～33个杯形台基。

3）台基　用无毒塑料制造，台基高12mm，台口内径为9～12 mm。

4）移虫针　采用牛角或无毒塑料舌片制成。

5）取浆器具　用无毒、不污染蜂产品的材料制作，也可采用小型真空吸浆器。

6）其它用具及设备　镊子、刀片、盛浆瓶、冰箱或冰柜、纱布、毛巾、消毒酒精、浆框盛放箱、巢脾承托盘等。

3. 生产蜂群的组织

1）原群组织法　用隔王板将蜂群隔成繁殖区和生产区，生产区内放1～2张蜜粉脾，1～2张幼虫脾，其余为封盖子脾，采浆框插在幼虫脾与蜜粉脾或封盖子脾之间。繁殖区放卵虫脾、空脾、即将或开始出房的蛹脾、蜜粉脾，使生产群蜂脾相称或蜂略多于脾。

2）多群拼组法　如外界气候、蜜源条件良好，而蜂群群势尚不足，可采用多群拼组法，提前生产蜂王浆。即于生产蜂王浆前 1 周，将数群非生产群中的正在出房的老熟子脾及刚出房的幼蜂提入预定的生产群。1 周后，生产蜂群群势达 8 框以上。在巢、继箱之间加隔王板，使继箱为无王生产区，巢脾摆放同原群组织法。

4. 蜂王浆生产蜂群的管理

1）刚开始生产蜂王浆，蜂群群势较弱，王台基数量要适当，做到量群定台，群势密集，蜂略多于脾。

炎热季节，注意给蜂群遮荫或将蜂群放在树荫下，扩大巢门，打开箱底纱窗。高温干旱时，要在每天上午 11 时和下午 2 时，用打湿的覆布或毛巾盖在铁纱副盖上，或在巢内加饲喂器喂水，便于蜜蜂吸水降温和保持巢内湿度。

2)每隔 5～7 天检查调整一次蜂群。检查调整时，将繁殖区的新封盖子脾和 1～2 张幼虫脾调到生产区，将生产区内的正在出房子脾调到繁殖区。检查时，注意清除自然王台，以免影响王台接受率和蜂群发生自然分蜂。

5. 生产蜂王浆的工序

1）安装台基　将台基条固定在采浆框上。

2）清扫台基　生产蜂王浆前，将新组装好的采浆框插入生产群内，让工蜂清理 12h 左右。

3）点浆　新台基经过工蜂清扫后，临移虫时往其底部点少许新鲜蜂王浆，以提高蜂群对移入幼虫的接受率。

4）移虫　用移虫针把 1 日龄左右的幼虫从巢脾的蜂房

中移出，放在台基底部的中央，每个台基一只。

5）补虫　将采浆框插入蜂群后，过 3～5h 提出，对未接受的台基补移一次幼虫。

6）提框　移虫后 48～72h，将采浆框从蜂群中提出，轻轻抖落框上蜜蜂，然后用蜂刷把框上的余下蜜蜂扫落到原巢箱门口。把采浆框放于浆框盛放箱，及时运回取浆室。

7）割台　用锋利削刀将台基加高的部分割去。割台时，要使台口平整，不要将幼虫割破。

8）捡虫　用镊子将幼虫捡出，不慎割破或夹破的幼虫，要把台内的王浆取出另装。

9）取浆　用取浆器具取浆。尽可能取净王浆，取出的王浆暂存于盛浆容器中。

10）清台　未被接受的台基内往往有赘蜡，及时清理台基。

11）王浆　采收完成后立即密封，标明重量、日期、产地，并尽快将其放到冰箱或冰柜中冷冻保存。

6. 技术措施

1）从育种单位引进蜂王浆优质高产种蜂王，培育生产王浆用王，杂交王只使用一代。

2）保持巢内有充足的饲料，并适当奖励饲喂。

3）根据群势和蜜源条件决定使用台基数量。

4）掌握移虫和取浆时间，72h 取浆。

5）取浆人员及用具卫生。

蜂王浆采收人员要健康，穿工作服，戴工作帽、口罩，保持手和工作服清洁，一切接触蜂王浆的用具，取浆前要用 75% 酒精消毒，取浆房间要保持清洁，定期消毒。

二、标　志

产品包装上应注明下述内容：产品名称、花种、蜂种、产地、净含量、毛重、皮重、生产日期、收购日期、送货单位、检验人等。

三、包　装

包装应采用符合食品卫生要求的带盖塑料瓶或桶。用前要清洗干净，并用 75%的食用酒精消毒，晾干再用。

四、贮存与运输

1. 贮存

1）蜂王浆采收后，应及时贮存在－18℃的条件下。产品应按生产日期、花种、产地分别码放。

2）产品不得与有异味、有毒、有腐蚀性和可能产生污染的物品同库存放。

2. 运输

1）运输工具应清洁干净，产品应低温运输，不得与有异味、有毒、有腐蚀性、放射性和可能发生污染的物品同装混运。

2）发运前对包装箱进行检查，转运过程中要避免高温、日晒、雨淋。

附录2 NY 5135—2002

无公害食品 蜂王浆与蜂王浆冻干粉

1 范围

本标准规定了无公害食品蜂王浆与蜂王浆冻干粉的定义、技术要求、试验方法、检验规则、包装、标志、标签、运输、贮存要求等内容。

2 规范性引用文件

下列文件中的条款通过本标准的引用而成为本标准的条款。凡是注日期的引用文件,其随后所有的修改单(不包括勘误的内容)或修订版均不适用于本标准,然而,鼓励根据本标准达成协议的各方研究是否可使用这些文件的最新版本。凡是不注日期的引用文件,其最新版本适用于本标准。

GB 191 包装储运图示标志

GB 4789 食品卫生微生物学检验

GB/T 5009.11 食品中总砷的测定方法

GB/T 5009.12 食品中铅的测定方法

GB 7718 食品标签通用标准

GB 9697 蜂王浆(已调整为行业标准)

GB 16740 保健(功能)食品通用标准

GB 17405 保健食品良好生产规范

3 术语和定义

GB 9697 和 GB 7718 确立的以及下列术语和定义适用于

本标准。

3.1 蜂王浆 royal jelly

哺育蜂舌腺和上颚腺的混合分泌物，是蜂王生命活动中的主要食物。又称蜂皇浆、王浆、蜂乳、王乳等。

3.2 蜂王浆冻干粉 lyophilized royal jelly powder

以蜂王浆为原料，经过真空冷冻干燥而成的固态产品。又称为蜂王浆粉、蜂皇浆冻干粉、蜂皇浆粉。

4 技术要求

4.1 感官指标

应符合表1要求。

表1 感官指标

项　目	蜂王浆	蜂王浆冻干粉
颜色	乳白、淡黄、黄红色，以及少量蜜源植物花粉颜色	乳白、淡黄、黄红色
状态	乳浆状、微粘有光泽感，不得有胶状物呈现	粉末状，颗粒均匀一致，不得有粘着状
气味	有本品特有香气，气味纯正；不得有发酵、发臭等异味	有本品特有香气，气味纯正；不得有焦糊和发臭等异味
滋味	有酸、涩带辛辣味，回味略甜；不得有异味	
杂物	无幼虫、蜡屑等杂物，不得有外来异物	

4.2 理化指标

应符合表2规定。

表 2　理化指标

项　　目	蜂王浆	蜂王浆冻干粉
水分(g/100g)　≤	70	7
蛋白质(g/100g)　≥	11	33
酸度(1 mol/L ×mL NaOH/100g)　≤	30～53	—
灰分(g/100g)　≤	1.5	5
总糖(以葡萄糖计)(g/100g)　≤	15	50
淀粉	不得检出	
10-羟基-α-癸烯酸(g/100g)　≥	1.4	4.2

4.3　卫生安全指标

应符合表 3 规定。

表 3　卫生安全指标

项　　目	蜂王浆	蜂王浆冻干粉
菌落总数/(cuf/g)　≤	1000	10 000
大肠菌群/(MPN/100g)　≤	90	
霉菌/(cuf/g)　≤	50	
酵母/(cuf/g)　≤	50	
致病菌(系指肠道致病菌或致病性球菌)	不得检出	
砷(以 As 计)/(mg/kg)　≤	0.3	
铅(以 Pb 计)/(mg/kg)　≤	0.5	

5　试验方法

5.1　取样条件

在相对湿度≤35%、温度 0～25℃左右的洁净干燥间里，迅速抽取样品。

5.2　感官及理化指标

按 GB 9697 及本标准规定检验。

5.3　菌落总数

按 GB 4789.2 规定检验。

5.4　大肠菌群

按 GB 4789.3 规定检验。

5.5　霉菌

按 GB 4789.15 规定检验。

5.6　酵母

按 GB 4789.15 规定检验。

5.7　致病菌

按 GB 4789.4、GB 4789.5、GB 4789.10、GB 4789.11 规定检验。

5.8　砷

按 GB/T 5009.11 规定检验。

5.9　铅

按 GB/T 5009.12 规定检验。

6　检验规则

6.1　组批与抽样

6.1.1　检验批

原料品质、工艺条件、生产班次、品种、规格相同的产品为一批。

6.1.2　抽样

10 件以下，逐件抽取；

10～100 件，随机选取 10 件；

100 件以上，按照式(1)随机抽样 α 件。

$$\alpha \approx \sqrt{n} \qquad \cdots\cdots (1)$$

式中：

α——为抽取的件数(当α值有小数时,无论小数值的大小,均向前修约进1)；

n——为受检产品总件数。

每件(或其中的一小件)抽取5g～50g,全部混合均匀后,再根据检测的需要抽取约10g～100g作为试样进行检测。

6.2 检验

分出厂检验和型式检验两类。

6.2.1 出厂检验

产品出厂前,应由生产方最终检验部门按本标准4.1进行检验,检验合格后并附合格证方可出厂。

出厂检验项目也可根据产品接收方要求进行。进入流通领域应按有关规定和标准检验。

6.2.2 型式检验

对产品全部技术要求的检验。有下列情况之一时,应进行型式检验：

a) 变更原料供应方时；

b) 长期停产后,恢复生产时；

c) 人员、设备、原料、工艺条件、环境等条件变化,可能影响产品质量时；

d) 出厂检验与上次型式检验有较大差异时；

e) 产品质量审核、产品质量监督部门或主管部门、其它需要型式检验时。

6.3 判定原则

任何一项指标不合格,即判受检样本及其对应批次不合格。

7 包装、标志、标签、贮存、运输

7.1 包装

包装材料应符合食品卫生安全标准要求;内包装材料应具有气密性和防潮性。

7.2 标志、标签

7.2.1 图示标志应符合 GB 191 要求。

7.2.2 食品标签应符合 GB 7718 的规定;运输包装上的标志应与食品标签一致。

7.3 贮存、运输

7.3.1 产品贮存、运输及工具应符合 GB 17405 要求。

7.3.2 密封包装的蜂王浆可在常温下 24h 内销售、运输,应防止温度急剧变化;宜在 -5℃以下低温贮存运输。

7.3.3 产品不应与有毒、有害物品混存混放。

7.4 保质期

7.4.1 蜂王浆应在-18℃以下低温保存,保质期可以为 24 个月。

7.4.2 蜂王浆冻干粉常温下密封保存,保质期为 3 个月;-5℃以下低温保存,保质期可以为 24 个月。

附录3　蜜蜂病虫害综合防治规范

（摘　要）

一、蜜蜂病虫害预防技术要求

1. 蜂场场址的选择

1)蜂场要选择在地势高燥、背风向阳、温度适宜、远离噪声的地方,远离铁路、公路、大型公共场所。

2)定地蜂场周围要有丰富的蜜、粉源,并有良好的水源。

3)要避开有毒蜜、粉源植物。

4)蜂场应远离化工区、矿区、农药厂库、垃圾处理场及经常喷施农药的果园和菜园。

5)蜂场应远离糖厂和生产含糖量高的食品工厂。

6)蜂场正前方要避开路灯、诱虫灯等强光源。

2. 蜂场管理要求和卫生制度

1)要保持蜂场清洁卫生。在蜜蜂传染病发病期间,及时清理蜂尸、杂物,将清扫物深埋或焚烧,并在蜂场地面撒生石灰消毒。

2)蜂箱、蜂具按规定进行消毒,及时淘汰霉变、被巢虫蛀咬和传染病发生后的巢脾。不用被蜜蜂病原体污染的饲料喂蜂。

3)蜂场库房墙壁、地面应易于消毒处理,蜂产品与蜂具在库房内要分类摆放。

4)不到疫病区购蜂或放蜂。

二、蜜蜂病虫害治疗原则

1. 隔离

发现传染病，应立即将病群隔离，并报告当地动物检疫单位。同时对蜂群逐群进行检查，根据检查结果分别处理。

病群（即具有典型症状的发病蜂群）：选择远离蜂场，不易散播病原体，消毒处理方便的地方隔离治疗。病蜂的蜂产品、蜂具等不得带回健康蜂场。如果属烈性传染病或国内首次发现的传染性病害，应予以焚烧处理。

疑似病群（即没有症状但与病群有密切接触的蜂群，其病害可能处于潜伏期）：应另选地方远离健康蜂群进行隔离观察，也可预防性给药。

假定健康群（即与病群没有密切接触的，表面观察健康的蜂群）：应进行观察，必要时转移到其它地方。

隔离的病群在没有病蜂出现，又过了该传染病潜伏期 2 倍的时间后，经过全面消毒，可以解除隔离。

如果经过传染病后蜂群十分衰弱，失去经济价值，又有带菌（毒）危险的应焚烧蜂群。

2. 消毒

1)根据饲养管理及疫病发生情况选择消毒方法。

2)消毒方法

机械性消毒　用机械方法（如清扫铲刮、洗涤和通风等），抑制或杀灭周围环境中的病原微生物。

物理消毒　用物理方法（如日晒、烘烤、烧灼、煮沸等），抑制或杀灭周围环境中的病原微生物。

化学消毒　用化学药物抑制或杀灭周围环境中的病原微生物。

机械性消毒、物理消毒应配合化学消毒使用。

3. 传染性病害的治疗原则

1)使用国家规定的药物,按剂量给药。

2)大流蜜前 1 个月停止蜂群用药。

3)使用过药物的生产蜂群,到大流蜜初期应彻底清除巢内存蜜。

4. 大、小蜂螨综合防治原则

1)大、小蜂螨寄生率和寄生密度测定

$$寄生率=\frac{有蜂螨数(或有螨蜂房数)}{检查蜂数(或检查蜂房数)}\times 100\%$$

$$寄生密度=\frac{大蜂螨总数}{检查蜂数(或检查蜂房数)}螨/蜂(房)$$

2)使用国家允许的杀螨剂。最好几种杀螨剂交替使用。

3)结合化学防治,同时采用扣王断子和割除雄蜂脾等生物学防治措施综合治螨。

4)为保证螨寄生率长年控制在危害水平以下,即大流蜜期前螨寄生率为 3%(不超过 5%),每年用药次数 1～3 次为宜。

5)大流蜜期前 1 个月停止生产蜂群用药。

5. 花粉、花蜜等中毒防治原则

1)正确选择蜜源场地,避开有毒蜜粉源植物。

2)发现中毒,应及时从蜂箱中取出有毒的蜜、粉脾,并予以销毁。

3)饲喂比例为 50%的淡糖浆。

4)必要时,根据有毒成分的性质饲喂药物:甘露蜜中毒时可用复合维生素 B、酵母片等;枣花中毒时,可用 4%～5%食醋糖浆。

6. 化学中毒防治原则

1)引起蜜蜂中毒的农药和有害物质有拟除虫菊酯类、有机氯类、有机磷类和氨基甲酸酯类农药，工业污染包括工业烟雾、粉尘、废水等。

2)经常了解蜂场所在地所施农药种类和施药时间，对蜂群毒性大时，应尽早撤离；毒性较小，暂闭巢门1～2天，同时打开蜂箱通气窗。

3)发现中毒，须及时从蜂箱中取出污染的蜜、粉脾，并予以销毁。

4)有机磷、有机氯农药中毒时，可在20%糖浆中加0.1%食用碱喂蜂。

三、饲养用药准则

除了本规范外，还要按照农业部发布的并于2002年9月1日开始实施的《无公害食品　蜜蜂饲养兽药使用准则》、农业部《食品动物禁用的兽药及其它化合物清单》及《中国养蜂学会基地及会员用药规定》执行。

资料性附录　化学消毒药物及使用方法

名　称	常用浓度(%)及作用时间	配　制	作用范围	使用方法	备　注
84消毒液	0.4%，10min用于细菌污染物。5%，90min用于病毒污染物	水溶液	细菌，芽胞，病毒	蜂箱、蜂具洗涤，巢脾浸泡，金属物品洗涤，时间不宜过长	避光贮存

续附表

名　称	常用浓度(%)及作用时间	配　制	作用范围	使用方法	备　注
漂白粉	5%～10%水溶液作用30min至2h	水溶液	细菌,芽胞,病毒,真菌	蜂箱洗涤,巢脾、蜂具浸泡1～2h,金属物品洗涤,时间不宜过长。水源消毒:$1m^3$河水、井水加漂白粉6～10g,30min后可以饮用	
食用碱(Na_2CO_3)	3%～5%水溶液作用30min至2h	水溶液	细菌,病毒,真菌	蜂箱洗涤,巢脾(2h)、蜂具、衣物浸泡30min～1h,越冬室、仓库墙壁、地面喷洒	
石灰乳	10%～20%水溶液		细菌,芽胞,病毒,真菌	10%～20%水溶液粉刷越冬室、工作室、仓库墙壁、地面	现配现用
饱和食盐水	36%水溶液作用4h以上	水溶液	细菌,真菌,孢子虫,阿米巴,巢虫	蜂箱、巢脾、蜂具浸泡4h以上	
冰醋酸	80%～98%熏蒸1～5天		蜂螨,孢子虫,阿米巴,蜡螟的幼虫和卵	每只蜂箱用80%～98%冰醋酸10～20mL,洒在布条上,每个欲消毒巢脾的继箱挂一片。将箱体摞好、糊好缝,盖好箱盖熏蒸4h。气温低于18℃时,应延长熏蒸时间至3～5天	

续附表

名　称	常用浓度(%)及作用时间	配　制	作用范围	使用方法	备　注
福尔马林	2%～4%福尔马林水溶液	1份福尔马林加水9～18份	细菌,病毒,孢子虫,阿米巴	2%～4%福尔马林水溶液喷洒越冬室、工作室、仓库墙壁、地面。也可1～3g/m³加热熏蒸。4%福尔马林水溶液浸泡蜂箱、巢脾、蜂具12h	注意密闭
	原液熏蒸	每只继箱用量:福尔马林10mL、热水5mL、高锰酸钾10g	细菌芽胞,病毒,孢子虫,阿米巴	福尔马林和热水加入容器,放入摞好的箱体中,蜂箱间用纸糊好,再加入高锰酸钾立即盖好,密闭12h。室内消毒(每立方米):30mL福尔马林、30mL水、18g高锰酸钾	注意密闭
硫磺(燃烧时产生二氧化硫)	粉剂熏蒸24h以上,2～5g/蜂箱		蜂螨,螟蛾,巢虫,真菌	5个蜂箱为一体,每个继箱8张巢脾,巢箱中放一瓷容器。使用时,将燃烧的木炭放入容器内,立即将硫磺撒在木炭上,密闭蜂箱,熏蒸12h以上	由于该药对卵、封盖幼虫及蛹无效,每隔7天要重复1次。连续重复2～3次

注:1. 根据消毒药的类型与本蜂场的常见病、多发病选择消毒药

2. 无论使用何种化学消毒剂,以浸泡和洗涤形式处理的,消毒过后用清水将残留药剂洗涤干净,巢脾用分蜜机摇出巢中水分。熏蒸消毒的蜂具等,应在流通空气中放置72h以上

3. 巢脾上如有花粉等存在,其消毒的浸泡时间,可视药剂作用时间而适当延长,以达到消毒确实的目的

附录4　食品动物禁用的兽药及其他化合物清单

中华人民共和国农业部公告

第193号

为保证动物源性食品安全，维护人民身体健康，根据《兽药管理条例》的规定，我部制定了《食品动物禁用的兽药及其他化合物清单》(以下简称《禁用清单》)，现公告如下：

一、《禁用清单》序号1至18所列品种的原料药及其单方、复方制剂产品停止生产，已在兽药国家标准、农业部专业标准及兽药地方标准中收载的品种，废止其质量标准，撤销其产品批准文号；已在我国注册登记的进口兽药，废止其进口兽药质量标准，注销其《进口兽药登记许可证》。

二、截止2002年5月15日，《禁用清单》序号1至18所列品种的原料药及其单方、复方制剂产品停止经营和使用。

三、《禁用清单》序号19至21所列品种的原料药及其单方、复方制剂产品不准以抗应激、提高饲料报酬、促进动物生长为目的在食品动物饲养过程中使用。

食品动物禁用的兽药及其它化合物清单

序号	兽药及其它化合物名称	禁止用途	禁用动物
1	兴奋剂类：克罗特罗 Clenbuterol、沙丁胺醇 Salbutamol、西马特罗 Cimaterol 及盐、酯及制剂	所有用途	所有食品动物
2	性激素类：己烯雌酚 Diethylstibestrol 及其盐、酯及制剂	所有用途	所有食品动物
3	具有雌激素样作用的物质：玉米赤霉醇 Zeranlo、去甲雄三烯醇酮 Trenbolone、醋酸甲孕酮 Megestrol Acetate 及制剂	所有用途	所有食品动物
4	氯霉素 Chloramphenicol 及其盐、酯（包括：琥珀氯霉素 Chloramphenicol Succinate）及制剂	所有用途	所有食品动物
5	氨苯砜 Dapsone 及制剂	所有用途	所有食品动物
6	硝基呋喃类：呋喃唑酮 Furazolidone、呋喃他酮 Furaltadone、呋喃苯烯酸钠 Nifurstyrenate sodium 及制剂	所有用途	所有食品动物
7	硝基化合物：硝基酚钠 Sodium nitrophenolate、硝呋烯腙 Nitrovin 及制剂	所有用途	所有食品动物
8	催眠、镇静类：安眠酮 Methaqualone 及制剂	所有用途	所有食品动物

续表

序号	兽药及其它化合物名称	禁止用途	禁用动物
9	林丹(丙体六六六)Lindane	杀虫剂	水生食品动物
10	毒杀芬(氯化烯)Camahechlor	杀虫剂、清塘剂	水生食品动物
11	呋喃丹(克百威)Carbofuran	杀虫剂	水生食品动物
12	杀虫脒(克死螨)Chlordimeform	杀虫剂	水生食品动物
13	双甲脒 Amitraz	杀虫剂	水生食品动物
14	酒石酸锑钾 Antimony potassium tartrate	杀虫剂	水生食品动物
15	锥虫胂胺 Tryparsamide	杀虫剂	水生食品动物
16	孔雀石绿 Malachite green	抗菌、杀虫剂	水生食品动物
17	五氯酚酸钠 Pentachlorophenol sodium	杀螺剂	水生食品动物
18	各种汞制剂包括：氯化亚汞(甘汞)Calomel、硝酸亚汞 Mercurous nitrate、醋酸汞 Mercurous acetate、吡啶基醋酸汞 Pyridyl mercurous acetate	杀虫剂	所有食品动物

续表

序号	兽药及其它化合物名称	禁止用途	禁用动物
19	性激素类：甲基睾丸酮 Methyltestosterone、丙酸睾酮 Testosterone Propionate、苯丙酸诺龙 Nandrolone Phenylpropionate、苯甲酸雌二醇 Estradiol Benzoate 及其盐、酯及制剂	促生长	所有食品动物
20	催眠、镇静类：氯丙嗪 Chlorpromazine、地西泮(安定)Diazepam 及其盐、酯及制剂	促生长	所有食品动物
21	硝基咪唑类：甲硝唑 Metronidazole、地美硝唑 Dimetronidazole 及其盐、酯及制剂	促生长	所有食品动物

注：食品动物是指各种供人食用或其产品供人食用的动物

主要参考文献

1 张复兴主编．现代养蜂生产．中国农业大学出版社，1998

2 陈盛禄主编．中国蜜蜂学．中国农业出版社,2001

3 王贻节主编．蜜蜂产品学．中国农业出版社,1993

4 龚一飞主编．蜜蜂机具学．福建科学技术出版社，1996

5 陈黎红主编．蜂产品标准化生产技术．中国农业大学出版社,2003

6 中国养蜂学会编．蜜蜂饲养技术及装备论文集．中国农业出版社,1993

7 Dadant & Sons. The Hive and The Honey Bee. Inc. Hamilton Illinois, USA, 1998